MATHÉMATIQUES APPLIQUÉES

ALGÈBRE GÉOMÉTRIE

MATHÉMATIQUES APPLIQUÉES

ALGÈBRE GÉOMÉTRIE

BERNARD SAINT-JEAN

Ingénieur ENSAE
Professeur à l'IUT de Saint-Denis,
Université Paris-Nord

ISBN 2 10 002053 6

Avant-propos

Ce manuel s'adresse aux étudiants de première année des Instituts Universitaires de Technologie, et plus particulièrement aux bacheliers des séries Techniques[1], qui sont parfois déroutés par le caractère abstrait des mathématiques : on doit reconnaître en effet que cette discipline est assez rarement enseignée en vue de son application à des problèmes industriels concrets.

En conformité avec les nouvelles directives des commissions pédagogiques nationales, ce recueil de travaux dirigés se propose de mettre en relief, sous forme d'exercices pratiques, les aspects utilitaires de l'« outil » mathématique, au niveau du programme d'enseignement du 1er cycle universitaire technologique (analyse, algèbre, géométrie).

Chaque chapitre comporte trois parties :

- un cours-résumé présentant l'essentiel des notions à connaître ;
- des exercices théoriques permettant d'assimiler ces notions (indiqués par la lettre A) ;
- des exercices pratiques correspondant à des applications réelles de ces notions dans tel ou tel secteur d'activité industrielle (indiqués par la lettre B).

Les *réponses* de *tous* les exercices sont données après chaque texte. De plus, pour certains exercices typiques ou un peu plus difficiles (indiqués par une lettre A ou B encadrée), des *solutions développées* sont données à la fin de l'ouvrage. L'étudiant ne devrait les consulter, en principe, qu'en dernier recours...

Nous espérons qu'en ayant ainsi le choix entre deux méthodes d'apprentissage des Mathématiques, l'une de nature formelle avec des exercices théoriques, l'autre de nature matérielle avec des exercices pratiques, les étudiants auront une plus grande motivation pour cette discipline fondamentale...

1. Étudiants des départements « secondaires » des I.U.T. : génie civil, génie électrique et informatique industrielle, génie mécanique et productique, maintenance industrielle, mesures physiques...

Sommaire

Solutions

Chapitre 1

Nombres complexes

cours – résumé

Forme algébrique d'un nombre complexe

En désignant le nombre imaginaire $\sqrt{-1}$ par le symbole i, la forme algébrique d'un nombre complexe z est :

$$\boxed{z = a + \mathrm{i}b} \qquad \begin{cases} a = \text{partie réelle de } z & a, b \in \mathbb{R} \\ b = \text{partie imaginaire de } z & z \in \mathbb{C} \end{cases}$$

Deux nombres complexes sont égaux s'ils ont même partie réelle *et* même partie imaginaire :

$$z_1 = z_2 \text{ dans } \mathbb{C} \quad \Rightarrow \quad \begin{cases} a_1 = a_2 \\ b_1 = b_2 \end{cases} \quad \text{dans } \mathbb{R}$$

Vecteur-image d'un nombre complexe, affixe d'un point du plan complexe

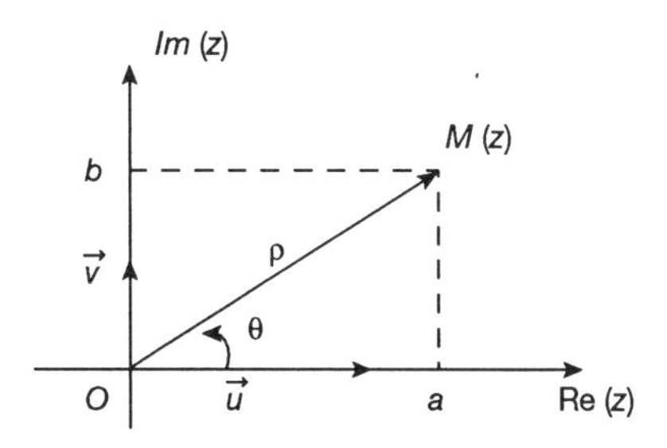

Dans le plan complexe (repère orthonormé direct, $\overrightarrow{Ox}$ axe des parties réelles, $\overrightarrow{Oy}$ axe des parties imaginaires, $\vec{u}$ et $\vec{v}$ vecteurs unitaires des axes), le vecteur-image de z est :

$$\boxed{\overrightarrow{OM} = a\,.\vec{u} + b\,.\vec{v}}$$

On dit que z est l'affixe du point M, ou encore que M est le point-image de z.

Nombres complexes conjugués

Deux nombres complexes sont dits conjugués lorsqu'ils ont des parties réelles égales et des parties imaginaires opposées :

$$\boxed{\begin{aligned} z &= a + \mathrm{i}b \\ \bar{z} &= a - \mathrm{i}b \end{aligned}} \quad \Rightarrow \quad \begin{cases} z\bar{z} = a^2 + b^2 \\ z + \bar{z} = 2a \end{cases}$$

Les vecteurs-images de deux nombres complexes conjugués sont symétriques par rapport à $\overrightarrow{Ox}$.

Forme trigonométrique d'un nombre complexe

On peut exprimer un nombre complexe $z = a + \mathrm{i}b$ sous forme trigonométrique :

$$\boxed{z = \rho\,(\cos\theta + \mathrm{i}\sin\theta)} \qquad \begin{cases} \rho = \left\|\overrightarrow{OM}\right\| = \sqrt{a^2 + b^2} = \text{module de } z \\ \theta = \left(\overrightarrow{Ox}, \overrightarrow{OM}\right) + 2k\pi = \text{argument de } z,\ \tan\theta = \dfrac{b}{a} \end{cases}$$

On note $\rho = |z|$ et $\theta = \arg(z)$.

Module et argument du produit de 2 nombres complexes

$$\boxed{|z_1 z_2| = \rho_1 \rho_2 \quad ; \quad \arg(z_1 z_2) = \theta_1 + \theta_2}$$

Module et argument du quotient de 2 nombres complexes

$$\boxed{\left|\frac{z_1}{z_2}\right| = \frac{\rho_1}{\rho_2} \quad ; \quad \arg\left(\frac{z_1}{z_2}\right) = \theta_1 - \theta_2}$$

Formule de Moivre

Considérant la puissance n^{ième} d'un nombre complexe $z = \rho\,(\cos\theta + \mathrm{i}\sin\theta)$, on a :

$$|z^n| = \rho^n \qquad \text{et} \quad \arg(z^n) = n\,\theta \qquad n \in \mathbb{N}$$

d'où, dans le cas particulier où le module de z est égal à 1 ($\rho = 1$) :

$$(\cos\theta + \mathrm{i}\sin\theta)^n = \cos n\theta + \mathrm{i}\sin n\theta$$

Forme exponentielle d'un nombre complexe

Les propriétés générales de la fonction exponentielle montrent qu'on peut exprimer un nombre complexe de module 1 dont un argument est θ par $e^{i\theta}$, soit :

$$\cos\theta + \mathrm{i}\sin\theta = e^{i\theta}$$

Ainsi, on peut exprimer un nombre complexe de module ρ dont un argument est θ par :

$$z = \rho\, e^{i\theta}$$

Formules d'Euler

$$\cos\theta = \frac{1}{2}\left(e^{i\theta} + e^{-i\theta}\right)$$
$$\sin\theta = \frac{1}{2i}\left(e^{i\theta} - e^{-i\theta}\right)$$

Racines carrées, sous forme algébrique, d'un nombre complexe donné *a* + i*b*

Pour déterminer $z = x + iy$ tel que $z = \sqrt{a + ib}$, on résoud le système :

$$\begin{cases} x^2 - y^2 = a \\ x^2 + y^2 = \sqrt{a^2 + b^2} \\ 2xy = b \end{cases}$$ on obtient 2 solutions *opposées*

Racines n^{ièmes}, sous forme exponentielle, d'un nombre réel donné *a*

Pour déterminer $z = \rho e^{i\theta}$ tel que $z = \sqrt[n]{a}$, on écrit l'égalité des modules *et* l'égalité des arguments des puissances n^{ièmes}, ce qui définit n solutions :

$$\begin{cases} \rho = \sqrt[n]{a} \\ \theta = \dfrac{2k\pi}{n} \end{cases} \qquad k = 0, 1, 2, \ldots, n-1$$

Racines $n^{\text{ièmes}}$, sous forme exponentielle, d'un nombre complexe donné $z_0 = \rho_0 e^{i\theta_0}$

Pour déterminer $z = \rho e^{i\theta}$ tel que $z = \sqrt[n]{z_0}$, on écrit l'égalité des modules *et* l'égalité des arguments des puissances $n^{\text{ièmes}}$, ce qui définit n solutions :

$$\begin{cases} \rho = \sqrt[n]{\rho_0} \\ \theta = \frac{1}{n}(\theta_0 + 2k\pi) \quad k = 0, 1, 2, \ldots, n-1 \end{cases}$$

Les points-images des racines, dans le plan complexe, forment un polygône régulier convexe de n cotés inscrit dans un cercle de rayon $\sqrt[n]{\rho_0}$.

Impédance complexe d'un circuit électrique

En régime sinusoïdal, la somme de 2 tensions de même pulsation ω, déphasées l'une par rapport à l'autre de $\frac{\pi}{2}$ (l'une aux bornes d'une résistance R, l'autre aux bornes d'une réactance X) est :

$$\boxed{R\cos\omega t + X\cos\left(\omega t + \frac{\pi}{2}\right) = |Z|.\cos(\omega t + \varphi)},$$

où l'on définit, par convention, l'impédance complexe du circuit :

$$\boxed{Z = R + iX = |Z|.e^{i\varphi}} \Rightarrow \begin{cases} |Z| = \sqrt{R^2 + X^2} \\ \varphi = \arg(Z) \end{cases} \qquad Z \in \mathbb{C}$$

Loi d'Ohm en valeurs complexes

En régime sinusoïdal, un circuit électrique d'impédance complexe $Z = |Z|.e^{i\varphi}$, auquel on applique une tension $u(t) = U_0 \cos(\omega t + \varphi_1)$ est parcouru par un courant $i(t) = I_0 \cos(\omega t + \varphi_2)$. On écrit par convention :

$U = Z \,.\, I$, en considérant $\begin{cases} u(t) = \text{Re}\,[U_0 e^{i(\omega t + \varphi_1)}] \\ i(t) = \text{Re}\,[I_0 e^{i(\omega t + \varphi_2)}] \end{cases}$

$$\Rightarrow \boxed{U_0 = |Z|.I_0 \quad \text{et} \quad \varphi_1 - \varphi_2 = \varphi}$$

En électricité, les vecteurs images de U et I sont appelés les vecteurs de Fresnel.

Transformation géométrique dans le plan complexe

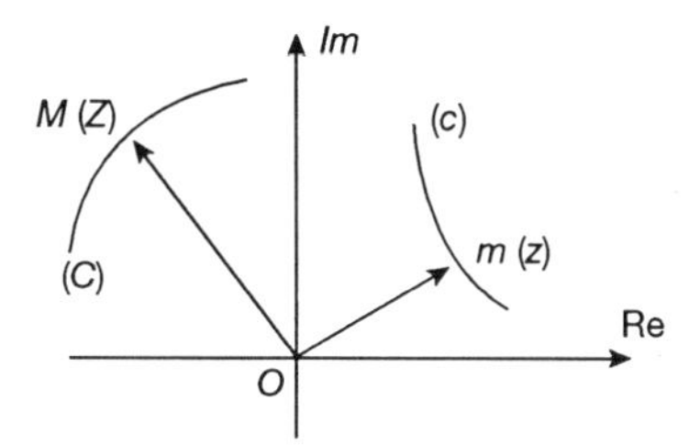

On peut associer à une fonction de variables complexes $Z = f(z)$ une transformation géométrique qui fait correspondre au point m d'affixe z le point transformé M d'affixe Z :

$$\mathrm{T} : \left\{ \begin{array}{lll} \mathbb{C} & \rightarrow & \mathbb{C} \\ z & \rightarrow & Z = f(z) \end{array} \right.$$

Si le point m, assujetti à certaines conditions, décrit une courbe (c), le point M décrira la courbe (C) transformée de (c) par T.

Courbe de réponse d'un système asservi dans le plan complexe

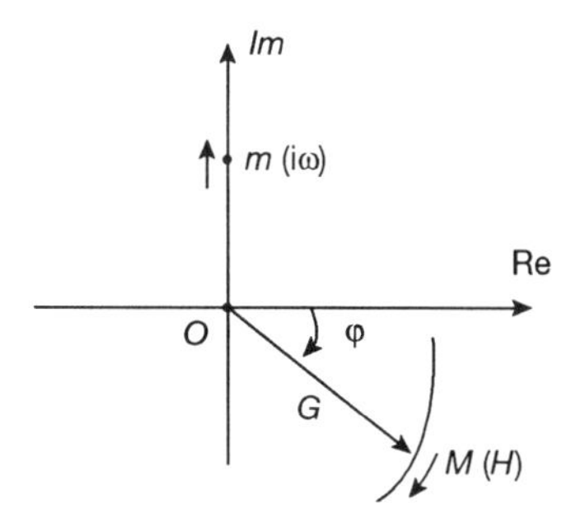

En régime sinusoïdal, le comportement d'un système asservi en fonction de la fréquence de l'excitation (pulsation ω variable) est caractérisé par sa « fonction de transfert en boucle ouverte », fonction de variable complexe $H(z)$ dans laquelle la variable z est une imaginaire pure $i\omega$, $\omega > 0$:

Fonction de transfert $\Rightarrow$ $H(i\omega)$

Le lieu du point M d'affixe H, lorsque le point m d'affixe iω décrit le $\frac{1}{2}$ axe $\overrightarrow{Oy}$, $y > 0$, s'appelle le «lieu de transfert» du système dans le plan de Nyquist. Il permet de définir les caractéristiques de la réponse du système :

Gain en boucle ouverte :	$G = \lvert H \rvert$
Déphasage de la réponse :	$\varphi = \arg(H)$

Exercices

(☐ : *Les solutions développées sont données p. 121.*)

Exercices théoriques

A1 – Calculer i^7, puis i^{1992}.

Réponse : – i et 1.

A2 – Simplifier les expressions algébriques des nombres complexes :

a) $(1 + \mathrm{i})(1 - 2\,\mathrm{i})$ b) $\left(1 + \mathrm{i}\sqrt{3}\right)^3$ c) $\dfrac{1-\mathrm{i}}{3+2\,\mathrm{i}} + 2\dfrac{1+3\,\mathrm{i}}{2-3\,\mathrm{i}}$

Réponses : a) $3 - \mathrm{i}$ b) -8 c) $-1 + \mathrm{i}$

A3 – Déterminer z sachant que z, $2 - z$ et $\dfrac{4}{z}$ ont le même module.

Réponse : $z = 1 \mp \mathrm{i}\sqrt{3}$

A4 – Déterminer sous forme algébrique :

a) les racines carrées de $11 + 4\sqrt{3}\,\mathrm{i}$

b) les racines quatrièmes de $-7 + 24\,\mathrm{i}$

Réponses : a) $\pm\left(2\sqrt{3} + \mathrm{i}\right)$ b) $\pm(2 + \mathrm{i})$, $\pm(1 - 2\,\mathrm{i})$

A5 – Résoudre dans $\mathbb{C}$ les équations :

a) $z^2 - (2 + 3\,\mathrm{i})\,z - 1 + 3\,\mathrm{i} = 0$

b) $z^4 - 30\,z^2 + 289 = 0$

c) $z^2 - 2\bar{z} + 1 = 0$, où $\bar{z}$ est le conjugué de z.

d) $4z^2 + 8|z|^2 - 3 = 0$, où $|z|$ est le module de z.

Réponses :

a) $z_1 = 1 + i \qquad z_2 = 1 + 2\,i$

b) $z_1 = 4 + i \qquad z_2 = 4 - i \qquad z_3 = -4 + i \qquad z_4 = -4 - i$

c) $z_1 = z_2 = 1 \qquad z_3 = -1 + 2\,i \qquad z_4 = -1 - 2\,i$

d) $z_1 = \frac{1}{2} \quad z_2 = -\frac{1}{2} \quad z_3 = i\frac{\sqrt{3}}{2} \quad z_4 = -i\frac{\sqrt{3}}{2}$

A6 – Mettre sous forme trigonométrique, puis exponentielle, les nombres complexes :

a) $\sqrt{3} + i$ b) $\dfrac{(1+i)^2}{1-i}$ c) $\dfrac{(1+i)^{15}}{(1-i)^{11}}$ d) $(\sqrt{3} + i)^4 . (1+i)^5$

Réponses :

a) $2\left(\cos\frac{\pi}{6} + i\sin\frac{\pi}{6}\right) = 2\,e^{i\frac{\pi}{6}}$

b) $\sqrt{2}\left(\cos\frac{3\pi}{4} + i\sin\frac{3\pi}{4}\right) = \sqrt{2}\;e^{i\frac{3\pi}{4}}$

c) $4\left(\cos\frac{\pi}{2} + i\sin\frac{\pi}{2}\right) = 4\,e^{i\frac{\pi}{2}}\,(= 4\,i)$

d) $64\sqrt{2}\left[\cos\left(-\frac{\pi}{12}\right) + i\sin\left(-\frac{\pi}{12}\right)\right] = 64\sqrt{2}\;e^{-i\frac{\pi}{12}}$

A7 – Déterminer sous forme exponentielle :

a) les racines sixièmes de – 27

b) les racines cubiques de $4(1 + i\sqrt{3})$

Réponses : a) $\pm\sqrt{3}\;e^{i\frac{\pi}{6}}, \pm\sqrt{3}\;e^{i\frac{\pi}{2}}, \pm\sqrt{3}\;e^{-i\frac{\pi}{6}}.$

b) $2\,e^{i\frac{\pi}{9}}, 2\,e^{i\frac{7\pi}{9}}, 2\,e^{-i\frac{13\pi}{9}}.$

A8 – Démontrer les égalités suivantes :

a) $(1 + i\sqrt{3})^{59} = 2^{58}(1 - i\sqrt{3})$

b) $(1+i)^n + (1-i)^n = 2^{n+2/2}\cos\frac{n\pi}{4} \qquad n \in \mathbb{N}$

A9 – Calculer, en utilisant la formule de Moivre, cos 5 θ et sin 5 θ en fonction de cos θ et sin θ.

Réponse : $\cos 5\theta = \cos\theta . [\cos^4\theta - 10\cos^2\theta\sin^2\theta + 5\sin^4\theta]$
$\sin 5\theta = \sin\theta . [5\cos^4\theta - 10\cos^2\theta\sin^2\theta + \sin^4\theta]$

A10 – Linéariser les expressions trigonométriques suivantes en utilisant les formules d'Euler :

a) $(\cos\theta)^5$ b) $32\cos\theta\,.\,(\sin\theta)^5$

Réponses : a) $\frac{1}{16}(\cos 5\theta + 5\cos 3\theta + 10\cos\theta)$

b) $\sin 6\theta - 4\sin 4\theta + 5\sin 2\theta$

A11 – Déterminer, dans le plan complexe, l'ensemble des points M d'affixe z tel que :

a) $|z - 3i| = 5$ b) $z.\bar{z} = 4$ c) $z + \frac{1}{z}$ soit réel

Réponses : a) Cercle de centre C (0, 3) de rayon 5.

b) Cercle de centre O de rayon 2.

c) l'axe $\overrightarrow{Ox}$ et le cercle de centre O de rayon 1.

A12 – On considère, dans le plan complexe, la transformation géométrique qui fait correspondre au point m d'affixe $z = x + iy$ le point M d'affixe $Z = X + iY$ tel que :

$$Z = \frac{z-2}{z-1} \qquad z \neq 1$$

a) Déterminer le lieu du point m lorsque le point M décrit le cercle de centre O de rayon 1.

b) Déterminer le lieu du point M lorsque le point m décrit l'axe des imaginaires $\overrightarrow{Oy}$.

c) Déterminer les invariants de la transformation, tels que $Z = z$.

Réponses : a) Droite d'abscisse $x = \frac{3}{2}$ parallèle à $\overrightarrow{Oy}$

b) Cercle de centre $C\left(\frac{3}{2}, 0\right)$ de rayon $\frac{1}{2}$

c) Deux points M_1 d'affixe 1 + i et M_2 d'affixe 1 – i

A13 – Montrer que la somme $a\cos\varphi + b\sin\varphi$ est la partie réelle du nombre complexe $(a - ib)\,e^{i\varphi}$.

A14 – Mettre la différence $\cos\left(\omega t - \frac{\pi}{3}\right) - 2\sin\left(\omega t + \frac{\pi}{4}\right)$ sous la forme $A\sin(\omega t + \varphi)$.

Réponse : $A = \sqrt{5 - (\sqrt{2} + \sqrt{6})} = 1{,}96$

$$\tan\varphi = \frac{2\sqrt{2} - \sqrt{3}}{1 - 2\sqrt{2}} = -0{,}604 \qquad \varphi = -31{,}1°$$

A15 – On considère, dans le plan complexe, les trois points M d'affixe z, A d'affixe i et N d'affixe $\mathrm{i}z$. Déterminer l'ensemble des points M tel que les trois points M, N, A soient alignés.

Réponse : Cercle de centre $C\left(\frac{1}{2}, \frac{1}{2}\right)$ de rayon $\frac{1}{\sqrt{2}}$, passant par l'origine.

Exercices pratiques

B1 – *Calculs d'impédances complexes*

Les impédances complexes individuelles d'une résistance, d'une bobine et d'un condensateur sont :

$Z_R = R \quad Z_L = \mathrm{i}\, L\, \omega \qquad Z_C = \dfrac{1}{\mathrm{i}\, C\omega}$

Calculer sous la forme algébrique :

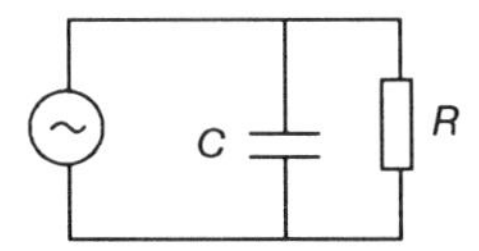

a) l'impédance complexe Z d'un condensateur et d'une résistance en parallèle, définie par $\frac{1}{Z} = \frac{1}{Z_C} + \frac{1}{Z_R}$.

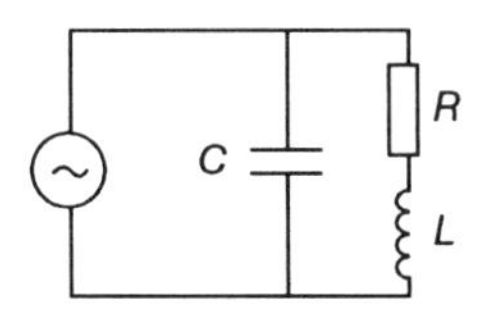

b) l'impédance complexe Z d'un condensateur branché en parallèle avec une résistance et une bobine en série, définie par $\frac{1}{Z} = \frac{1}{Z_C} + \frac{1}{Z_R + Z_L}$.

Application numérique : $\omega = 500$ rad/s $\quad R = 10\ \Omega \quad$ L = 20 mH $\quad C = 200\ \mu$F

Réponses : a) $Z = \dfrac{R\,(1 - \mathrm{i}\, R\, C\omega)}{1 + R^2 C^2 \omega^2}$ $\qquad$ $A.N$: $Z = 5\ (1 - \mathrm{i})\ \Omega$

b) $Z = \dfrac{R + \mathrm{i}\omega\left[L\left(1 - L\, C\, \omega^2\right) - R^2 C\right]}{\left(1 - L\, C\, \omega^2\right)^2 + R^2 C^2 \omega^2}$ $\qquad$ $A.N$: $Z = 10\ (1 - \mathrm{i})\ \Omega$

B2 – *Courbe de réponse en fréquence d'un système asservi*

Soit $Z = \dfrac{1}{z(1+2z)}$ la fonction de transfert en boucle ouverte d'un système asservi du 2e ordre.

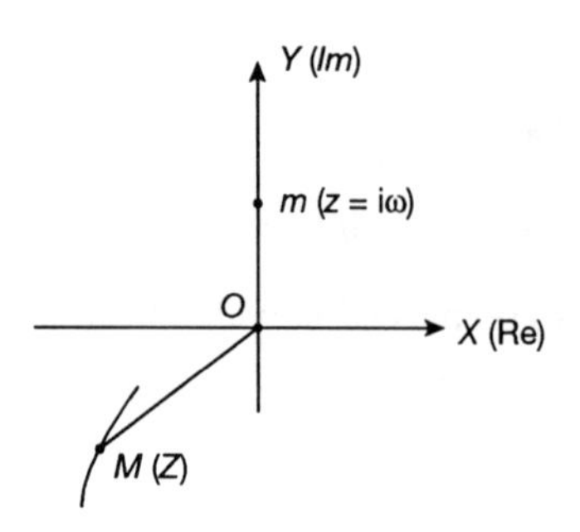

a) Montrer que lorsque le point m d'affixe $z = i\omega$ décrit le $\frac{1}{2}$ axe des imaginaires ($\omega > 0$), le point M d'affixe Z décrit le «lieu de transfert» défini par l'équation suivante dans le plan complexe :

$Y = X\sqrt{\dfrac{X}{-X-2}}$ Étudier et dessiner cette courbe.

b) Déterminer le gain du système $G = |Z|$ et son déphasage $\varphi = \arg(Z)$ lorsque la pulsation de l'excitation vaut $\omega = \frac{1}{2}\,\text{rad/s}$.

Réponses :

a) Éliminer ω entre les coordonnées du point d'affixe Z :

$$X = -\frac{2}{1+4\omega^2} \quad \text{et} \quad Y = -\frac{1}{\omega(1+4\omega^2)}$$

b) $G = \sqrt{2}$ $\varphi = -135°$

B3 – *Régime électrique sinusoïdal monophasé*

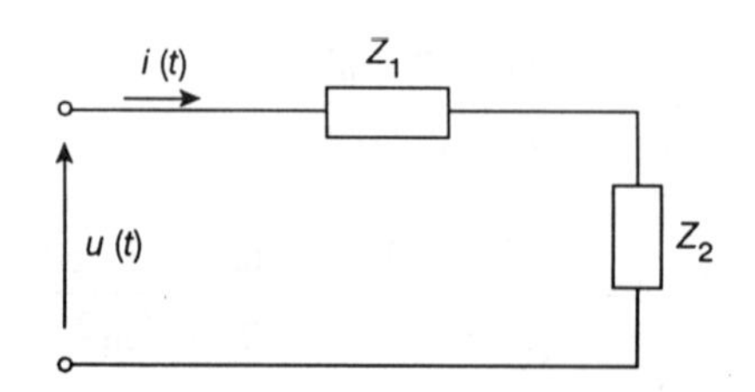

Un courant électrique sinusoïdal $i\ (t) = 4 \cos \omega t$ parcourt deux circuits branchés en série dont les impédances complexes individuelles sont respectivement :

$$Z_1 = 1 + i\sqrt{3} \qquad \overline{\Omega}$$

$$Z_2 = \sqrt{3}\,(1 + i) \qquad \overline{\Omega}$$

Déterminer l'amplitude, U_0, et le déphasage par rapport à $i(t)$, φ, de la tension $u\ (t)$ aux bornes de l'ensemble des deux circuits.

Réponse :

$u\ (t) = U_0 \cos (\omega t + \varphi)$ avec $\begin{cases} U_0 = 4\sqrt{\left(1+\sqrt{3}\right)^2 + \left(2\sqrt{3}\right)^2} \approx 17{,}6 \text{ Volt} \\ \tan\varphi = \dfrac{2\sqrt{3}}{1+\sqrt{3}} \qquad \varphi \approx 51{,}7° \end{cases}$

B4 – *Régime électrique sinusoïdal triphasé*

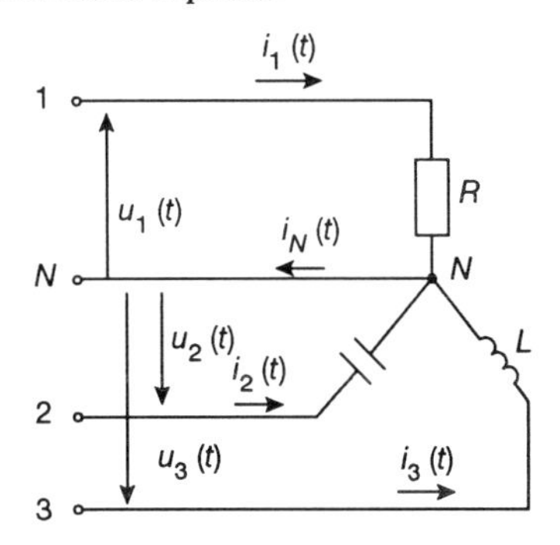

On désigne par $1, j, j^2$ les racines cubiques de l'unité.

a) Donner les expressions algébrique et exponentielle des deux nombres complexes j et j^2.

b) Trois tensions électriques triphasées (parties réelles des trois nombres complexes $U_1 = U_0\, e^{i\omega t}$, $U_2 = j\, U_0\, e^{i\omega t}$, $U_3 = j^2\, U_0\, e^{i\omega t}$) sont appliquées respectivement à une résistance R, un condensateur C et une bobine L. Déterminer, en appliquant 3 fois la loi d'Ohm complexe $U = ZI$, les 3 courants électriques qui circulent dans chaque composant (parties réelles des 3 nombres complexes I_1, I_2, I_3.

c) En déduire l'expression du courant $i_N\ (t)$ qui circule dans le fil neutre (partie réelle du nombre complexe $I_N = I_1 + I_2 + I_3$).

Application numérique :

$U_0 = 200$ V $\quad \omega = 400$ rad/s $\quad R = 25\ \Omega \quad L = 0{,}125$ H $\quad C = 5 \times 10^{-5}$ F

Réponses :

a) $\mathrm{j}=-\frac{1}{2}+\mathrm{i}\frac{\sqrt{3}}{2}=\mathrm{e}^{\mathrm{i}\frac{2\pi}{3}}$ $\qquad$ $\mathrm{j}^2=-\frac{1}{2}-\mathrm{i}\frac{\sqrt{3}}{2}=\mathrm{e}^{-\mathrm{i}\frac{2\pi}{3}}$

b) $i_1(t)=\frac{U_0}{R}\cos\omega t$

A.N : amplitude $I_1|=8A$ $\qquad$ déphasage $\varphi_1=0$

$i_2(t)=U_0 C\omega\cos\left(\omega t+\frac{7\pi}{6}\right)$

A.N : amplitude $|I_2|=4A$ $\qquad$ déphasage $\varphi_2=+\frac{7\pi}{6}$

$i_z(t)=\frac{U_0}{L\omega}\cos\left(\omega t-\frac{7\pi}{6}\right)$

A.N. : amplitude $I_3|=4A$ $\qquad$ déphasage $\varphi_3=-\frac{7\pi}{6}$

c) $I_\mathrm{N}=U_0\mathrm{e}^{\mathrm{i}\omega t}\left[\frac{1}{R}-\frac{\sqrt{3}}{2}\left(C\omega+\frac{1}{L\omega}\right)-\frac{\mathrm{i}}{2}\left(C\omega-\frac{1}{L\omega}\right)\right]$

A.N : $i_\mathrm{N}(t)=4\left(2-\sqrt{3}\right)\cos\omega t$ $\qquad$ amplitude $|I_\mathrm{N}|\approx 1{,}07A$

déphasage $\varphi_N=0$

Chapitre 2

Polynômes, division, factorisation

cours – résumé

Définitions

On appelle «polynôme» toute somme finie de termes représentant chacun une puissance entière de la même variable :

$$P(x) = a_n x^n + a_{n-1} x^{n-1} + \dots + a_1 x + a_0$$

On appelle «coefficients» de $P(x)$, les éléments $a_n, a_{n-1}, \dots, a_0$, réels ou complexes. On appelle «degré» de $P(x)$, noté d° P, le plus grand entier n tel que $a_n \neq 0$. Le terme de plus haut degré sera alors $a_n x^n$.

Division de 2 polynômes suivant les puissances décroissantes

Soient $P_1(x)$ et $P_2(x)$ deux polynômes quelconques, avec $P_2(x) \neq 0$ et $d^\circ P_1 \geq d^\circ P_2$:

Il existe deux polynômes uniques $Q(x)$ et $R(x)$ tels que :

$$P_1(x) = P_2(x) \,.\, Q(x) + R(x) \quad \text{avec} \begin{cases} R(x) = 0 \\ \text{ou} \\ d^\circ R(x) < d^\circ P_2(x) \end{cases}$$

$Q(x)$ et $R(x)$ s'appellent respectivement le «quotient» et le «reste» de la division euclidienne (selon les puissances décroissantes) de $P_1(x)$ par $P_2(x)$.

Dans le cas où $R(x) = 0$, c'est-à-dire s'il existe un polynôme $Q(x)$ tel que $\dfrac{P_1(x)}{P_2(x)} = Q(x)$, on dit que $P_1(x)$ est divisible par $P_2(x)$.

Division de 2 polynômes suivant les puissances croissantes

On peut aussi diviser un polynôme $P_1(x)$ quelconque par un polynôme $P_2(x)$ dont le terme de plus bas degré est une constante non nulle, en déterminant d'abord les termes de plus bas degré : il faut alors arrêter la division à un certain «ordre» r ($r \in \mathbb{N}$).

Il existe deux polynômes uniques $S(x)$ et $T(x)$ tels que :

$$P_1(x) = P_2(x) \,.\, S(x) + x^{r+1}\, T(x) \quad \text{avec} \quad \begin{cases} S(x) = 0 \\ \text{ou} \\ d^\circ S(x) \leq r \end{cases}$$

$S(x)$ et $x^{r+1}\, T(x)$ s'appellent encore le quotient et le reste de la division selon les puissances croissantes «arrêtée à l'ordre r» de $P_1(x)$ par $P_2(x)$.

Racines d'un polynôme

On appelle «racine» (ou «zéro») d'un polynôme $P(x)$ toute valeur a telle que :

$$P(a) = 0$$

a est racine de $P(x)$ si (et seulement si) $P(x)$ est divisible par $(x - a)$.

Un polynôme $P(x)$ de degré n admet au plus n racines distinctes $a_1, a_2, \ldots, a_n$. Il est alors divisible par le produit $(x - a_1)(x - a_2) \ldots (x - a_n)$.

Racines multiples

On dit que a est racine multiple d'ordre r d'un polynôme $P(x)$ si $P(x)$ est divisible par $(x - a)^r$ et ne l'est pas par $(x - a)^{r+1}$.

Caractérisation d'une racine multiple

Pour que a soit une racine multiple d'ordre r de $P(x)$, il faut et il suffit que a soit racine multiple d'ordre $r - 1$ du polynôme dérivé $P'(x)$.

Corrolaire : Pour que a soit une racine multiple d'ordre r de $P(x)$, il faut et il suffit que a soit racine de $P(x)$, de $P'(x)$, de $P''(x)$, …, de $P^{(n-1)}(x)$ mais ne soit pas racine du polynôme dérivé d'ordre r, $P^{(r)}(x)$.

Racines complexes d'un polynôme à coefficients réels

Si un polynôme $P(x)$ à coefficients réels admet la racine complexe $\alpha + i\beta$, il admet aussi la racine complexe conjuguée $\alpha - i\beta$.

Ce résultat est vrai quelque soit l'ordre de multiplicité de ces racines conjuguées.

Corrolaire : Tout polynôme $P(x)$ à coefficients réels de dégré impair admet au moins une racine réelle.

Théorème

En comptant les racines avec leurs ordres de multiplicité, tout polynôme $P(x)$ de degré n admet exactement n racines (sur $\mathbb{R}$ ou sur $\mathbb{C}$).

Factorisation d'un polynôme à coefficients réels

Factoriser un polynôme $P(x)$ de degré n consiste à l'écrire sous la forme d'un produit de facteurs irréductibles dont la somme des degrés soit égale à n.

Pour une factorisation sur $\mathbb{R}$, les facteurs irréductibles sont de la forme :

$$\begin{cases} (x-a)^r & \text{si } a \text{ est racine réelle d'ordre } r \text{ de } P(x) \\ [(x-\alpha)^2+\beta^2]^r & \text{si } \alpha + \mathrm{i}\beta \text{ et } \alpha - \mathrm{i}\beta \text{ sont racines complexes conjuguées d'ordre } r \text{ de } P(x). \end{cases}$$

Pratiquement, factoriser un polynôme $P(x)$ revient à déterminer ses racines et à mettre en facteur le coefficient a_n de son terme de plus haut degré. On appelle polynôme «normalisé» un polynôme dont tous les termes sont divisés par le coefficient du terme de plus haut degré (c'est-à-dire dont le coefficient du terme de plus haut degré est rendu égal à 1).

Exercices

(☐ : *Les solutions développées sont données p. 127.*)

Exercices théoriques

A1 – Écrire l'expression ordonnée selon les puissances décroissantes du polynôme $P(x)$ normalisé (dont le coefficient du terme de plus haut degré vaut 1), de degré 4, à coefficients réels, qui admet la racine complexe $3 - \mathrm{i}$ simple et la racine réelle 1 double.

Réponse : $P(x) = x^4 - 8x^3 + 23x^2 - 26x + 10$

A2 – Déterminer l'ordre de multiplicité :

a) de la racine 1 du polynôme $P(x) = x^3 + x^2 - 5x + 3$
b) de la racine 2 du polynôme $P(x) = x^4 - 5x^3 + 6x^2 + 4x - 8$

Réponses : a) 1 est racine double. b) 2 est racine triple.

A3 – Diviser selon les puissances décroissantes :

a) $P_1(x) = 2x^4 + x^3 + 3x + 4$ par $P_2(x) = x^2 + 3x + 1$
b) $P_1(x) = x^5 + 2x^3 - 3x - 2$ par $P_2(x) = x^3 + x + 1$
c) $P_1(x) = 6x^7 - 7x^6 + 1$ par $P_2(x) = (x-1)^2$

Réponses :
a) $Q(x) = 2x^2 - 5x + 13$ $R(x) = -31x - 9$
b) $Q(x) = x^2 + 1$ $R(x) = -x^2 - 4x - 3$
c) $Q(x) = 6x^5 + 5x^4 + 4x^3 + 3x^2 + 2x + 1$ $R(x) = 0$
(*cf.* exercice A8, chapitre 4)

A4 – Effectuer la division selon les puissances croissantes de :

a) $P_1(x) = 2 + x^2$ par $P_2(x) = 1 - x + 3x^2$, arrêtée à l'ordre $r = 2$.
b) $P_1(x) = 1$ par $P_2(x) = 1 + 2x - x^2$, arrêtée à l'ordre $r = 3$.

Réponses :
a) $S(x) = 2 + 2x - 3x^2$ $x^{r+1}\,T(x) = 9x^3(-1 + x)$
b) $S(x) = 1 - 2x + 5x^2 - 12x^3$ $x^{r+1}\,T(x) = x^4(-12x + 29)$

A5 – On considère le polynôme $P(x) = x^4 + 2x^3 + \lambda x^2 + 2x - 1$ $\lambda \in \mathbb{R}$

a) Déterminer λ pour que i soit racine de $P(x)$.
b) Déterminer les autres racines et factoriser $P(x)$ sur $\mathbb{R}$.

Réponses : a) $\lambda = 0$ b) $-\mathrm{i}, -1 \mp \sqrt{2}$; $P(x) = (x^2 + 1)(x^2 + 2x - 1)$

A6 – a) Diviser selon les puissances décroissantes le polynôme $P_1(x) = x^4 + 6x^3 + 10x^2 + 3x - 6$ par le polynôme $P_2(x) = x^2 + 3x$

b) En déduire une factorisation de $P_1(x)$ en un produit de 2 facteurs irréductibles sur $\mathbb{R}$ de degré 2 (on posera $x^2 + 3x = X$).

Réponses : a) $Q(x) = x^2 + 3x + 1$ $R(x) = -6$
b) $P_1(x) = (x^2 + 3x - 2)(x^2 + 3x + 3)$

A7 – Déterminer $\lambda \in \mathbb{R}$ pour que le polynôme $P(x) = x^3 + \left(\lambda + \frac{1}{3}\right)x^2 + \frac{5}{3}x - \lambda$ admette une racine complexe de module 1. Factoriser alors $P(x)$ sur $\mathbb{R}$.

Réponse : $\lambda = 2$ $\qquad P(x) = \left(x^2 - \frac{x}{3} + 1\right)(x - 2)$

A8 – Factoriser sur $\mathbb{R}$ les polynômes suivants :

a) $P(x) = x^4 + 2x^2 - 3$
b) $P(x) = x^4 + x^2 + 1$
c) $P(x) = x^4 + 1$

Réponses :

a) $P(x) = (x + 1)(x - 1)(x^2 + 3)$
b) $P(x) = (x^2 - x + 1)(x^2 + x + 1)$
c) $P(x) = \left(x^2 - x\sqrt{2} + 1\right)\left(x^2 + x\sqrt{2} + 1\right)$

A9 – Déterminer un polynôme $P(x)$ de degré égal à 3 sachant que $P(0) = 1$ et que le reste de sa division euclidienne par $x - 1$, par $x + 1$, et par $x + 2$ est toujours égal à 3.

Réponse : $P(x) = x^3 + 2x^2 - x + 1$

A10 – a) Déterminer sous forme exponentielle dans $\mathbb{C}$ les racines 5e de 1. Factoriser alors sur $\mathbb{R}$ le polynôme $P(x) = x^5 - 1$.

b) En déduire les valeurs de $\cos\frac{2\pi}{5}$ et $\cos\frac{4\pi}{5}$.

Réponses :

a) $1, \pm e^{i\frac{2\pi}{5}}, \pm e^{i\frac{4\pi}{5}}$

$$P(x) = (x - 1)\left(x^2 - 2\cos\frac{2\pi}{5}.x + 1\right)\left(x^2 - 2\cos\frac{4\pi}{5}.x + 1\right)$$

b) $P(x) = (x - 1)(x^4 + x^3 + x^2 + x + 1)$

$$\cos\frac{2\pi}{5} = \frac{-1 + \sqrt{5}}{4} \qquad \cos\frac{4\pi}{5} = \frac{-1 - \sqrt{5}}{4}$$

A11 – Déterminer un polynôme $P(x)$ du 5e degré admettant la racine 1 double et tel que le polynôme $P(x) - 2$ admette la racine 0 triple.

Réponse : $P(x) = x^5 + 4x^4 - 7x^3 + 2$

A12 – Déterminer un polynôme $P(x)$ du 4e degré tel que :

$P(1) = P(2) = P(3) = P(4) = 5$ et $P(0) = 9$

Réponse : $P(x) = \frac{1}{6}(x-1)(x-2)(x-3)(x-4) + 5$

Exercices pratiques

B1 – *Modélisation d'une grandeur physique*

a) On a mesuré expérimentalement 3 valeurs d'une grandeur physique P fonction d'une variable x :

$P(0) = 0$ $\quad$ $P(1) = 4$ $\quad$ $P(2) = 2$

Quel est le polynôme $P(x)$ de plus bas degré possible qui pourrait représenter les variations de cette grandeur pour toutes les valeurs de x ?

b) On mesure une 4e valeur de P : $P(3) = 0$. Que devient $P(x)$?

Réponses :

a) $P(x) = -3x^2 + 7x$ $\quad$ b) $P(x) = x^3 - 6x^2 + 9x$

B2 – *Calcul de la valeur numérique d'un polynôme (méthode de Horner)*

Soit un polynôme de degré n : $P_n = a_n x^n + a_{n-1} x^{n-1} + \ldots + a_1 x + a_0$

a) On définit une « suite » numérique par la relation :

$P_k = x P_{k-1} + a_{n-k}$ $\quad$ avec $\quad$ $P_0 = a_n$ $\quad$ $k = 1, 2, \ldots, n \in \mathbb{N}$

Démontrer que le dernier terme de cette suite (arrêtée à l'ordre n) représentera la valeur de $P_n(x)$.

b) On définit une « suite » numérique par la relation :

$P'_k = x P'_{k-1} + P_{k-1}$ $\quad$ avec $\quad$ $P'_0 = 0$ $\quad$ $k = 1, 2, \ldots, n \in \mathbb{N}$

Démontrer que le dernier terme de cette suite (arrêtée à l'ordre n) représentera la valeur du polynôme dérivé $P'_n(x)$.

B3 – *Problème des 2 échelles*

Deux échelles AB et CD, de longueurs respectives $L_1 = 8$ m et $L_2 = 7$ m sont appuyées contre 2 murs séparés d'une distance x.

On demande de calculer x, connaissant la hauteur à laquelle les deux échelles se croisent, $h = 1$ m.

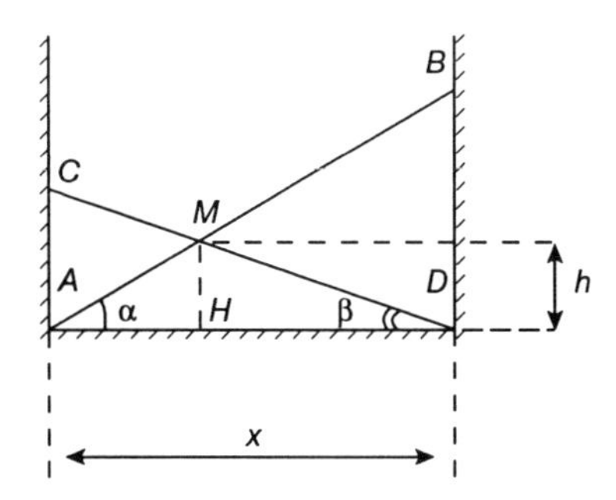

Conseil : Prendre $X = 49 - x^2$ comme inconnue auxiliaire et utiliser la méthode numérique d'itération pour calculer X.

Réponse : $x \approx 6{,}87\ldots$ m.

Chapitre 3

Fractions rationnelles, décomposition

cours – résumé

Définitions

On appelle «*fraction rationnelle*» toute fraction de 2 polynômes $P_1(x)$ et $P_2(x)$, écrite sous forme irréductible :

$$F(x) = \frac{P_1(x)}{P_2(x)}$$

On appelle «*degré*» d'une fraction rationnelle la différence des degrés du polynôme numérateur et du polynôme dénominateur :

$$d^\circ F = d^\circ P_1 - d^\circ P_2 \qquad d^\circ F \in \mathbb{Z} \text{ (positif, négatif ou nul)}$$

La fonction associée à une fraction rationnelle n'est pas définie pour les valeurs de x qui annulent le polynôme-dénominateur :

on appelle «*pôles*» d'une fraction rationnelle les «zéros» de son polynôme dénominateur, c'est-à-dire les «racines» de l'équation $P_2(x) = 0$.

Décomposition d'une fraction rationnelle à coefficients réels sur $\mathbb{R}$

La décomposition d'une fraction rationnelle en «*éléments simples*» consiste à la mettre sous la forme de la somme d'un polynôme, appelé «*partie entière*», et de fractions rationnelles élémentaires, appelées «*parties principales relatives aux pôles*» :

$$F(x) = \text{partie entière} + \sum \text{(parties principales)}$$

Partie entière

La partie entière de la décomposition est le quotient $Q(x)$ de la division euclidienne (selon les puissances décroissantes) de $P_1(x)$ par $P_2(x)$:

$$\boxed{F(x) = Q(x) + \frac{R(x)}{P_2(x)}} \qquad d^\circ R(x) < d^\circ P_2(x)$$

$Q(x)$ n'existe que si $d^\circ P_1 \geq d^\circ P_2$

$Q(x) = 0 \quad$ si $\quad d^\circ P_1 < d^\circ P_2$

Partie principale relative à un pôle réel

Chaque pôle réel a, d'ordre de multiplicité r, engendre une partie principale dont la forme (unique) est la suivante :

$$\boxed{\frac{A_r}{(x-a)^r} + \frac{A_{r-1}}{(x-a)^{r-1}} + \ldots + \frac{A_2}{(x-a)^2} + \frac{A_1}{(x-a)}}$$

$A_r, A_{r-1}, \ldots, A_2, A_1$ sont des coefficients qui peuvent être déterminés soit par une méthode d'identification, soit en donnant à x des valeurs particulières. Dans le cas où le pôle a est un pôle simple, sa partie principale comprend un seul terme, $\frac{A}{x-a}$, et le coefficient A est égal à la valeur de :

$$(x-a)\,F(a), \text{ ou } (x-a)\frac{R(a)}{P_2(a)} \text{ s'il existe une partie entière.}$$

Ces éléments de décomposition s'appellent des *«éléments simples de 1*^{re} *espèce»*.

Partie principale relative à un couple de pôles imaginaires conjugués

Chaque couple de pôles imaginaires conjugués $\alpha \mp i\beta$, d'ordre de multiplicité r, engendre une partie principale dont la forme (unique) est la suivante :

$$\boxed{\frac{A_r x + B_r}{[(x-\alpha)^2+\beta^2]^r} + \frac{A_{r-1} x + B_{r-1}}{[(x-\alpha)^2+\beta^2]^{r-1}} + \ldots + \frac{A_1 x + B_1}{(x-\alpha)^2+\beta^2}}$$

$A_r, B_r, A_{r-1}, B_{r-1}, \ldots, A_1, B_1$ étant des coefficients à déterminer. Ces éléments de décomposition s'appellent des «*éléments simples de 2e espèce*».

Pratique de la décomposition

Étant donnée une fraction rationnelle $F = \dfrac{P_1}{P_2}$, sa décomposition en éléments simples comprendra en général les 4 étapes suivantes :

1re étape : recherche de la partie entière (uniquement si d° $F \geq 0$) $\Leftrightarrow$ division de P_1 par P_2.

2e étape : recherche des pôles de F $\Leftrightarrow$ factorisation du polynôme P_2.

3e étape : écriture de la forme générale (indéterminée) de la décomposition, respectant la nature et l'ordre de multiplicité des pôles.

4e étape : calcul des coefficients indéterminés, en commençant par les plus faciles (1ers coefficients des éléments simples de 1re espèce), et tenant compte de simplifications éventuelles (parité ou imparité de F, valeurs particulières évidentes à donner à la variable, ...).

Décomposition d'une fraction rationnelle à coefficients réels sur ℂ

Toutes les parties principales seront de 1re espèce : sur ℝ pour les pôles réels, et sur ℂ pour les pôles imaginaires conjugués.

Les parties principales relatives à une paire de pôles imaginaires conjugués d'ordre r seront de la forme suivante, en appelant γ et $\overline{\gamma}$ ces pôles :

$$\frac{C_r}{(x-\gamma)^r} + \frac{\overline{C_r}}{(x-\overline{\gamma})^r} + \frac{C_{r-1}}{(x-\overline{\gamma})^{r-1}} + \frac{\overline{C_{r-1}}}{(x-\overline{\gamma})^{r-1}} + \ldots + \frac{C_1}{x-\gamma} + \frac{\overline{C_1}}{x-\overline{\gamma}}$$

Les coefficients indéterminés C et $\overline{C}$ de 2 éléments simples correspondant à une même puissance de la variable sont deux à deux imaginaires conjugués.

Exercices

(☐ : *Les solutions développées sont données p. 131.*)

Exercices théoriques

A1 – Indiquer, sans effectuer de calculs, si la décomposition des fractions rationnelles suivantes comportera une «partie entière» et combien elle comportera d'«éléments simples» en tout (ceux de 1re espèce plus ceux de 2e espèce) :

a) $F(x)=\dfrac{x^3}{(x-1)(x-2)(x-3)}$ b) $F(x)=\dfrac{1}{(x^2+x+1)^2(x-1)}$

c) $F(x)=\dfrac{x^9+4}{x^2(x^2+1)^3}$

Réponses : a) oui, 3 b) non, 3 c) oui, 5

A2 – Décomposer en éléments simples sur $\mathbb{R}$ les fractions rationnelles :

a) $F(x)=\dfrac{6}{x(x-1)(x+2)}$ b) $F(x)=\dfrac{x^4-2x}{x^2+1}$ c) $F(x)=\dfrac{x^2+3}{x^2-1}$

Réponses : a) $F(x)=-\dfrac{3}{x}+\dfrac{2}{x-1}-\dfrac{1}{x+2}$

b) $F(x)=x^2-1-\dfrac{2x-1}{x^2+1}$ c) $F(x)=1+\dfrac{2}{x-1}-\dfrac{2}{x+1}$

[A3] – Décomposer en éléments simples sur $\mathbb{R}$ les fractions rationnelles :

[a)] $F(x)=\dfrac{2x^4-5x^3-5x^2+21x-8}{x^3-3x^2+4}$ b) $F(x)=\dfrac{x^5}{(x-1)^2(x^2+1)}$

[c)] $F(x)=\dfrac{2x+1}{x(x^2+1)^2}$

Réponses : a) $F(x)=2x+1-\dfrac{3}{x+1}+\dfrac{2}{(x-2)^2}+\dfrac{1}{x-2}$

b) $F(x)=x+2+\dfrac{\frac{1}{2}}{(x-1)^2}+\dfrac{2}{x-1}-\dfrac{\frac{1}{2}}{x^2+1}$

c) $F(x)=\dfrac{1}{x}-\dfrac{x-2}{(x^2+1)^2}-\dfrac{x}{x^2+1}$

A4 – On considère un polynôme à coefficients réels ayant toutes ses racines réelles d'ordre 1 :

$P(x) = (x - a_1)(x - a_2) \dots (x - a_n) \qquad n \in \mathbb{N}$

a) Décomposer en éléments simples la fraction rationnelle $\dfrac{P'(x)}{P(x)}$.

b) En déduire que l'équation $P(x) \,.\, P''(x) - P'(x)^2 = 0$ n'a pas de racines réelles.

Conseils : a) Utiliser la dérivée logarithmique de $P(x)$.
b) Dériver la fraction rationnelle et étudier le signe du numérateur.

A5 – Décomposer en éléments simples de 1re espèce sur $\mathbb{C}$ les fractions rationnelles :

a) $F(x) = \dfrac{3}{x^3 - 1}$ **b)** $F(x) = \dfrac{2(x-2)}{(x^2+1)^2}$

Réponses :

a) $F(x) = \dfrac{1}{x-1} + \dfrac{j}{x-j} + \dfrac{j^2}{x-j^2}$ en appelant 1, j et j^2 les racines cubiques de 1.

b) $F(x) = \dfrac{1 - \frac{i}{2}}{(x-i)^2} + \dfrac{i}{x-i} + \dfrac{1+\frac{i}{2}}{(x+i)^2} - \dfrac{i}{x+i}$

Exercices pratiques

B1 – *Mise au point d'un microscope*

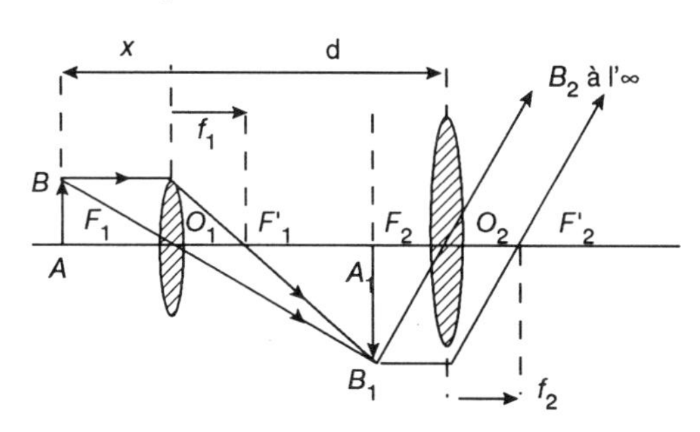

Un microscope comprend deux lentilles convergentes séparées d'une distance $\overline{O_1 O_2} = d$. L'une de distance focale $\overline{O_1 F'_1} = f_1$ sert d'objectif ; l'autre, de distance focale $\overline{O_2 F'_2} = f_2$ sert d'oculaire. La mise au point est réalisée lorsque l'image $A_1 B_1$ de l'objet AB à travers l'objectif est dans le plan focal objet de l'oculaire (image définitive à l'infini).

a) Calculer la distance $x = \overline{O_1 A}$ en fonction de f_1, f_2 et d, lorsque la mise au point est réalisée.

b) Même question lorsque l'image définitive est située à une distance de O_2 telle que $\overline{O_2 A_2} = 3\,\mathrm{d}$.

Réponses : a) $x = \dfrac{f_1(\mathrm{d} - f_2)}{f_1 + f_2 - \mathrm{d}}$ b) $x = \dfrac{f_1 \mathrm{d}(3\mathrm{d} - 4f_2)}{-\mathrm{d}(3\mathrm{d} - 4f_2) + f_1(3\mathrm{d} - f_2)}$

B2 – *Interprétation de la transformée de Laplace d'un système*

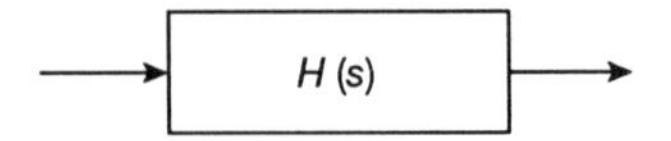

Dans l'étude d'un système par la transformation de Laplace, il intervient une variable complexe s, qu'on sait interpréter très facilement lorsqu'elle apparaît dans des fractions rationnelles élémentaires telles que :

$$\frac{k}{s}, \quad \frac{\omega}{(s-a)^2 + \omega^2}, \quad \frac{s-a}{(s-a)^2 + \omega^2}, \quad \ldots$$

k, ω, a étant des constantes caractéristiques du système.

On demande de mettre sous une forme «interprétable» la transformée de Laplace d'un certain système :

$$H(s) = \frac{5}{s(s^2 + 2s + 5)}$$

Réponse :

$$H(s) = \frac{1}{s} - \frac{s+1}{(s+1)^2 + 2^2} - \frac{1}{2} \cdot \frac{2}{(s+1)^2 + 2^2} \qquad \Rightarrow \qquad k = 1, \omega = 2, a = -1$$

B3 – *Transfiguration d'un circuit électrique*

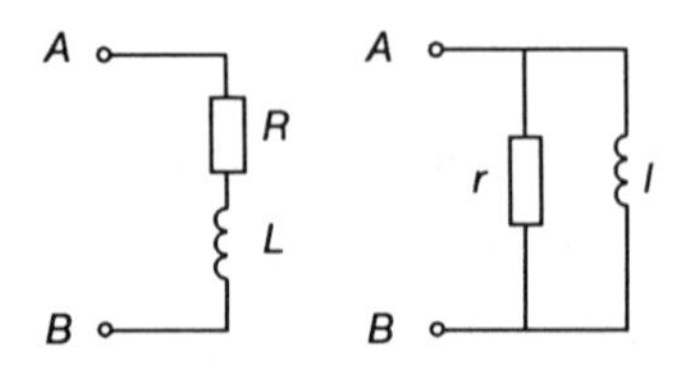

a) Un circuit électrique *AB* comporte une résistance R et une réactance $L\omega$ en série. Déterminer, en fonction de R et $L\omega$, la résistance r et la réactance $l\omega$ d'un circuit parallèle équivalent (même impédance entre les bornes A et B).

b) Réciproquement, étant donné un circuit comportant une résistance r et une réactance $l\omega$ en parallèle, déterminer, en fonction de r et $l\omega$, les éléments R et $L\omega$ d'un circuit série équivalent.

Réponses : a) $r=\dfrac{R^2+L^2\omega^2}{R}$ $\quad l\omega=\dfrac{R^2+L^2\omega^2}{L\omega}$

b) $R=\dfrac{rl^2\omega^2}{r^2+l^2\omega^2}$ $\quad L\omega=\dfrac{r^2l\omega}{r^2+l^2\omega^2}$

Chapitre 4

Vecteurs, éléments de géométrie analytique

cours – résumé

Vecteurs

L'ensemble des vecteurs de l'espace, soit (E), peut être défini comme un ensemble de «bi-points» par l'application suivante sur les éléments (appelés points) de l'espace affine, soit (ε) :

– à tout couple de points (A, B) de (ε) correspond un vecteur de (E), noté $\overrightarrow{AB}$

– au couple de points (A, A) correspond le vecteur nul, noté $\overrightarrow{AA} = \vec{0}$

– quelque soit un point C de (ε), on aura $\overrightarrow{AB} = \overrightarrow{AC} + \overrightarrow{CB} = \overrightarrow{CB} - \overrightarrow{CA}$

– O étant un point quelconque de (ε), il correspond à tout vecteur $\vec{V}$ de (E) un point A et un seul de (ε) tel que $\overrightarrow{OA} = \vec{V}$

Repère vectoriel

Un repère de l'espace affine est constitué par l'ensemble :

- d'un point O de (ε), appelé «origine»
- de 3 vecteurs linéairement indépendants $\vec{u}$, $\vec{v}$, $\vec{w}$ que l'on appelle la «*base vectorielle*».

Dans un repère $(O, \vec{u}, \vec{v}, \vec{w})$, il correspond au couple de points (O, A) le vecteur unique :

$$\overrightarrow{OA} = x_A \vec{u} + y_A \vec{v} + z_A \vec{w}$$

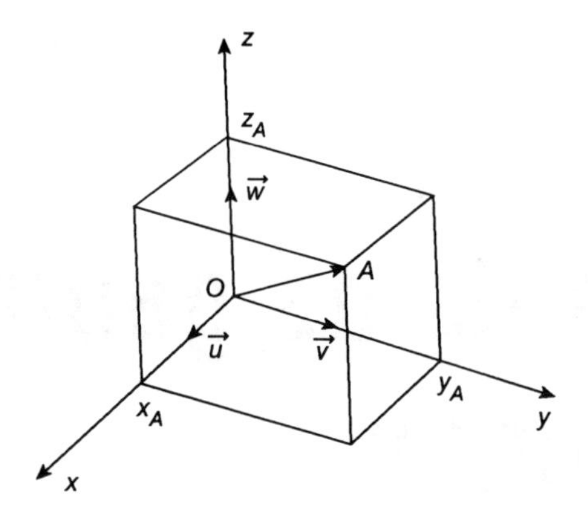

x_A, y_A, z_A sont des scalaires que l'on appelle :

– les «*coordonnées cartésiennes affines*» du point A dans ce repère ou encore :

– les «*composantes affines*» du vecteur $\overrightarrow{OA}$ sur la base $(\vec{u}, \vec{v}, \vec{w})$.

Il correspond au couple de points (A, B) le vecteur unique :

$$\overrightarrow{AB} = \overrightarrow{OB} - \overrightarrow{OA} = (x_B - x_A)\vec{u} + (y_B - y_A)\vec{v} + (z_B - z_A)\vec{w}$$

Changement de repère

Considérons un nouveau repère ayant comme origine un point O_1 défini par :

$$\overrightarrow{OO_1} = \lambda_1\vec{u} + \lambda_2\vec{v} + \lambda_3\vec{w}$$

et comme base 3 nouveaux vecteurs linéairement indépendants $\overrightarrow{u_1}$, $\overrightarrow{v_1}$, $\overrightarrow{w_1}$, définis par :

$$\begin{cases} \overrightarrow{u_1} = a_1\vec{u} + a_2\vec{v} + a_3\vec{w} \\ \overrightarrow{v_1} = b_1\vec{u} + b_2\vec{v} + b_3\vec{w} \\ \overrightarrow{w_1} = c_1\vec{u} + c_2\vec{v} + c_3\vec{w} \end{cases}$$

Un point M de coordonnées x, y, z dans l'ancien repère aura des coordonnées x_1, y_1, z_1 dans le nouveau repère définies par :

$$\overrightarrow{OM} = \overrightarrow{OO_1} + \overrightarrow{O_1M} = \overrightarrow{OO_1} + x_1\overrightarrow{u_1} + y_1\overrightarrow{v_1} + z_1\overrightarrow{w_1}$$

En comparant cette relation avec la relation $\overrightarrow{OM} = x\vec{u} + y\vec{v} + z\vec{w}$ on obtient les formules de changement de coordonnées (des anciennes en fonction des nouvelles) :

$$\begin{aligned} x &= \lambda_1 + a_1 x_1 + b_1 y_1 + c_1 z_1 \\ y &= \lambda_2 + a_2 x_1 + b_2 y_1 + c_2 z_1 \\ z &= \lambda_3 + a_3 x_1 + b_3 y_1 + c_3 z_1 \end{aligned}$$

Barycentre

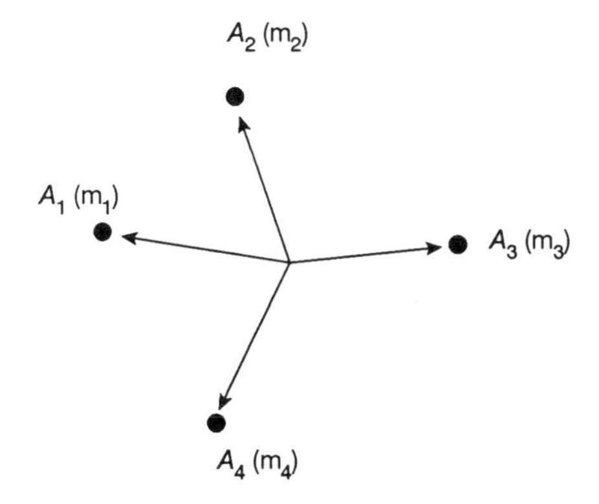

On appelle « barycentre » d'un ensemble de points de l'espace A_1, A_2 ..., affectés respectivement de masses m_1, m_2, ... le point G défini par la relation vectorielle suivante, où O est un point *quelconque* de l'espace :

$$(m_1 + m_2 + \ldots)\overrightarrow{OG} = m_1\overrightarrow{OA_1} + m_2\overrightarrow{OA_2} + \ldots$$

En choisissant le point O au point G, on voit qu'on peut aussi définir le barycentre par la relation vectorielle :

$$m_1\overrightarrow{GA_1} + m_2\overrightarrow{GA_2} + \ldots = \vec{0}$$

Dans la recherche du barycentre de n points, on peut remplacer p de ces points par leur propre barycentre, affecté de la somme partielle des masses de ces p points.

Repère orthonormé direct

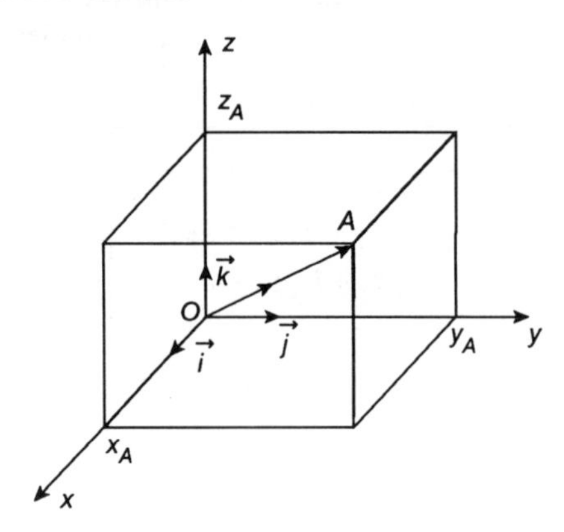

En géométrie analytique, on est amené à utiliser un repère vectoriel particulier, dans lequel les relations métriques (de mesure des distances et des angles) prennent des formes plus simples.

Un repère orthonormé direct est constitué par un point origine O, et par une base vectorielle à orientation directe, constituée de 3 vecteurs «*unitaires*» $\vec{i}$, $\vec{j}$, $\vec{k}$ donc à deux *perpendiculaires* et de mesure 1.

Dans un tel repère, les scalaires x_A, y_A, z_A qui définissent un vecteur $\overrightarrow{OA}$:

$$\overrightarrow{OA} = x_A \vec{i} + y_A \vec{j} + z_A \vec{k}$$

s'appellent les «*coordonnées cartésiennes orthogonales*» de point A, ou encore les «*composantes orthogonales*» du vecteur $\overrightarrow{OA}$.

On appelle «*norme*» du vecteur $\overrightarrow{OA}$ la mesure de sa longueur, qui peut alors être calculée par la relation :

$$\|\overrightarrow{OA}\| = \sqrt{x_A^2 + y_A^2 + z_A^2}$$

Distance de 2 points

La distance entre 2 points A et B de l'espace, de coordonnées orthogonales respectives x_A, y_A, z_A et x_B, y_B, z_B, est égale à la norme du vecteur $\overrightarrow{AB}$:

$$\overrightarrow{AB} = \overrightarrow{OB} - \overrightarrow{OA} = (x_B - x_A)\vec{i} + (y_B - y_A)\vec{j} + (z_B - z_A)\vec{k}$$

d'où : $$\|\overrightarrow{AB}\| = \sqrt{(x_B - x_A)^2 + (y_B - y_A)^2 + (z_B - z_A)^2}$$

Application : équation d'une sphère

Soit une sphère dont le centre C a pour coordonnées orthogonales x_0, y_0, z_0, et de rayon R. Les coordonnées orthogonales x, y, z de tout point M de la sphère devront satisfaire la relation $\|\overrightarrow{CM}\| = R$, soit :

$$(x - x_0)^2 + (y - y_0)^2 + (z - z_0)^2 = R^2$$

Produit scalaire de 2 vecteurs

On appelle produit scalaire de 2 vecteurs $\overrightarrow{V_1}$ et $\overrightarrow{V_2}$, noté $\overrightarrow{V_1} . \overrightarrow{V_2}$, le scalaire défini par :

$$\overrightarrow{V_1} . \overrightarrow{V_2} = \|\overrightarrow{V_1}\| . \|\overrightarrow{V_2}\| . \cos\left(\overrightarrow{V_1}, \overrightarrow{V_2}\right)$$

Si le produit scalaire de 2 vecteurs non nuls est nul, ces 2 vecteurs sont orthogonaux : on aura en effet cos ($\overrightarrow{V_1}$, $\overrightarrow{V_2}$) = 0.

Valeur algébrique d'un produit scalaire

On peut calculer directement le produit scalaire de 2 vecteurs à partir des composantes orthogonales de chacun des vecteurs :

$$\overrightarrow{V_1} . \overrightarrow{V_2} = \left(x_1 \vec{i} + y_1 \vec{j} + z_1 \vec{k}\right) . \left(x_2 \vec{i} + y_2 \vec{j} + z_2 \vec{k}\right)$$

En tenant compte, dans le développement du produit, des relations telles que $\vec{i} . \vec{i} = 1$ et $\vec{i} \ \vec{j} = 0$, on obtient :

$$\overrightarrow{V_1} . \overrightarrow{V_2} = x_1 x_2 + y_1 y_2 + z_1 z_2$$

Angle de 2 vecteurs

L'angle $\theta = \left(\overrightarrow{V_1}, \overrightarrow{V_2}\right)$ entre 2 vecteurs $\overrightarrow{V_1}$ et $\overrightarrow{V_2}$ peut être calculé à partir de leur produit scalaire on obtient :

$$\cos\theta = \frac{x_1 x_2 + y_1 y_2 + z_1 z_2}{\sqrt{\left(x_1^2 + y_1^2 + z_1^2\right)} . \sqrt{x_2^2 + y_2^2 + z_2^2}}$$

Rotation des axes autour de $\overrightarrow{Oz}$

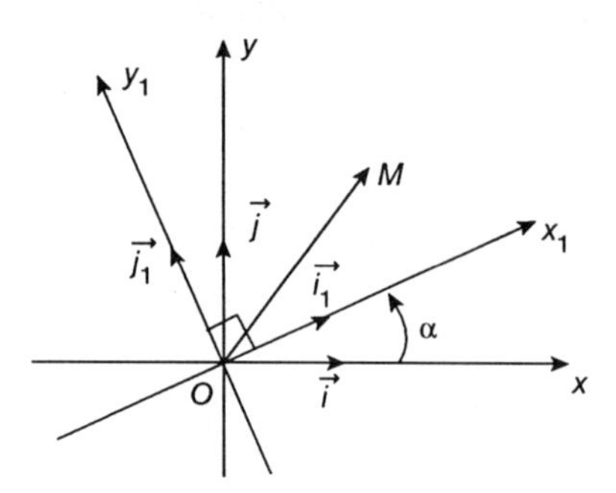

Soit un repère orthonormé direct plan $(O, \vec{i}, \vec{j})$, dans lequel un point M a pour coordonnées orthogonales x et y :

$$\overrightarrow{OM} = x\vec{i} + y\vec{j}$$

Si l'on considère le nouveau repère $(O, \vec{i_1}, \vec{j_1})$ obtenu par une rotation d'angle direct α autour de Oz, les nouvelles coordonnées orthogonales x_1 et y_1 de M seront définies par :

$$\overrightarrow{OM} = x_1\vec{i_1} + y_1.\vec{j_1}$$

Compte tenu des relations $\begin{cases} \vec{i_1} = \cos\alpha.\vec{i} + \sin\alpha.\vec{j} \\ \vec{j_1} = \cos\left(\alpha + \frac{\pi}{2}\right)\vec{i} + \sin\left(\alpha + \frac{\pi}{2}\right).\vec{j} \end{cases}$,

on obtient les formules de changement de coordonnées (des anciennes en fonction des nouvelles) :

$$\boxed{\begin{array}{l} x = x_1 \cos\alpha - y_1 \sin\alpha \\ y = x_1 \sin\alpha + y_1 \cos\alpha \end{array}}$$

Produit vectoriel de 2 vecteurs

On appelle produit vectoriel de 2 vecteurs $\vec{V_1}$ et $\vec{V_2}$, noté $\vec{V_1} \wedge \vec{V_2}$, le vecteur défini par $\vec{V_1} \wedge \vec{V_2} = 2S\vec{n}$, où S est la surface du triangle formé par $\vec{V_1}$ et $\vec{V_2}$, et $\vec{n}$ un vecteur unitaire directement perpendiculaire à $\vec{V_1}$ et à $\vec{V_2}$.

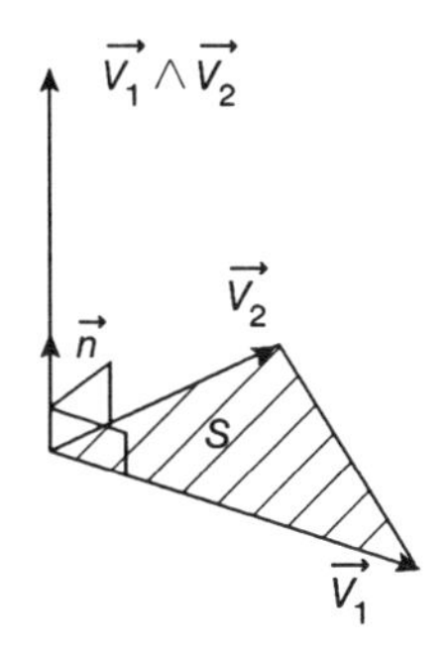

La norme d'un produit vectoriel est égale au double de la surface du triangle formé par ses vecteurs constitutifs :

$$\|\vec{V_1} \wedge \vec{V_2}\| = \|\vec{V_1}\| . \|\vec{V_2}\| . \sin(\vec{V_1}, \vec{V_2}) = 2S$$

$$0 < (\vec{V_1}, \vec{V_2}) < \pi$$

Si le produit vectoriel de 2 vecteurs non nuls est nul, ces 2 vecteurs sont parallèles (ou colinéaires) : on aura en effet $\sin(\vec{V_1}, \vec{V_2}) = 0$.

Composantes orthogonales d'un produit vectoriel

Les composantes orthogonales d'un produit vectoriel peuvent être calculées à partir des composantes orthogonales de chacun des vecteurs, on obtient :

$$\boxed{\vec{V_1} \wedge \vec{V_2} = (y_1 z_2 - z_1 y_2)\vec{i} + (z_1 x_2 - x_1 z_2)\vec{j} + (x_1 y_2 - y_1 x_2)\vec{k}}$$

Application : moment d'une force en un point

En mécanique, une force $\vec{F}$ n'est pas caractérisée uniquement par un vecteur $\vec{F}$: on doit préciser aussi, sur la droite (D) support de la force, son point d'application A. On appelle alors «moment» de la force $\vec{F}$ en un point ω quelconque, le produit vectoriel :

$$\boxed{\vec{\mathcal{M}_\omega}(F) = \vec{\omega A} \wedge \vec{F}}$$

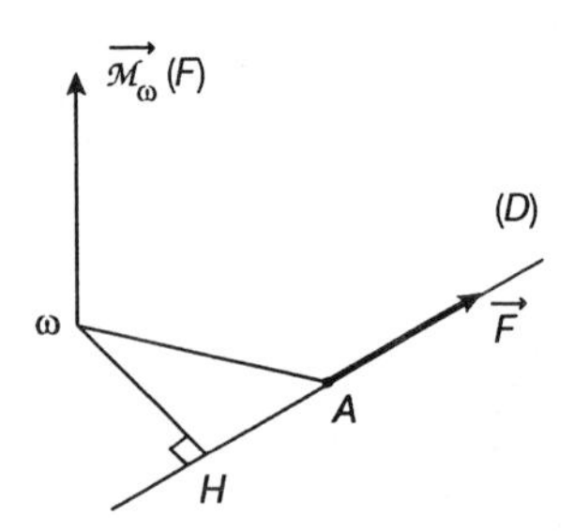

On voit que, si H est le projeté orthogonal de ω sur (D), la grandeur de ce moment est $\omega H \; \|\vec{F}\|$, produit du «bras de levier» par la grandeur de la force.

Équation d'une droite (*D*) dans un plan

(D) étant définie par un point $M_0\,(x_0, y_0)$ et un vecteur «directeur» (parallèle) $\vec{V} = \alpha\vec{i} + \beta\vec{j}$:

on écrit $\overrightarrow{M_0M} \wedge \vec{V} = \vec{0} \quad \Rightarrow \quad \boxed{\dfrac{x - x_0}{\alpha} = \dfrac{y - y_0}{\beta}}$

En coordonnées «paramétriques» (paramètre t variable) :

on écrit $\overrightarrow{M_0M} = t\,\vec{V} \quad \Rightarrow \quad \boxed{\begin{array}{l} x = x_0 + \alpha t \\ y = y_0 + \beta t \end{array}}$

(D) étant définie par un point $M_0\,(x_0, y_0)$ et un vecteur «axial» (perpendiculaire) $\vec{A} = a\,\vec{i} + b\,\vec{j}$:

on écrit $\overrightarrow{M_0M} \,.\, \vec{A} = 0 \quad \Rightarrow \quad \boxed{a\,(x - x_0) + b\,(y - y_0) = 0}$

Équation d'un plan (*P*) dans l'espace

(P) étant défini par un point $M_0\,(x_0, y_0, z_0)$ et un vecteur «axial» $\vec{A} = a\,\vec{i} + b\,\vec{j} + c\,\vec{k}$:

on écrit $\overrightarrow{M_0M} \,.\, \vec{A} = 0 \quad \Rightarrow \quad \boxed{a\,(x - x_0) + b\,(y - y_0) + c\,(z - z_0) = 0}$

Équation d'une droite (*D*) dans l'espace

(*D*) étant définie par un point M_0 (x_0, y_0, z_0) et un vecteur « directeur » $\vec{V} = \alpha \vec{i} + \beta \vec{j} + \gamma \vec{k}$:

on écrit $\overrightarrow{M_0 M} \wedge \vec{V} = \vec{O}$ ⇒ 2 équations
$$\boxed{\frac{x - x_0}{\alpha} = \frac{y - y_0}{\beta} = \frac{z - z_0}{\gamma}}$$

En coordonnées « paramétriques » (paramètre *t* variable) :

on écrit $\overrightarrow{M_0 M} = t\vec{V}$ ⇒
$$\boxed{\begin{array}{l} x = x_0 + \alpha t \\ y = y_0 + \beta t \\ z = z_0 + \gamma t \end{array}}$$

Distance d'un point à une droite dans le plan

La distance *d* du point M_0 (x_0, y_0) à la droite (*D*) d'équation $ax + by + c = 0$ est donnée par la relation :

$$\boxed{\mathrm{d} = \frac{|a x_0 + b y_0 + c|}{\sqrt{a^2 + b^2}}}$$

Distance d'un point à un plan dans l'espace

La distance *d* du point M_0 (x_0, y_0, z_0) au plan (*P*) d'équation $ax + by + cz + d = 0$ est donnée par la relation :

$$\boxed{\mathrm{d} = \frac{|a x_0 + b y_0 + c z_0 + d|}{\sqrt{a^2 + b^2 + c^2}}}$$

Distance d'un point à une droite dans l'espace

La distance *d* du point *M* à une droite (*D*) passant par un point *A* et de vecteur « directeur » $\overrightarrow{AB}$ peut être calculée par l'une ou l'autre des relations :

$$\mathrm{d} = \frac{\|\overrightarrow{MA} \wedge \overrightarrow{AB}\|}{\|\overrightarrow{AB}\|} \quad \text{ou} \quad \mathrm{d} = \frac{\|\overrightarrow{MA} \wedge \overrightarrow{MB}\|}{\|\overrightarrow{AB}\|}$$

Exercices

(☐ : *Les solutions développées sont données p. 135*)

Exercices théoriques

A1 – Soit un triangle ABC, I le milieu de BC et G le centre de gravité. A tout point M du plan, on fait correspondre les 2 points N, milieu de AM et P, milieu de IN.

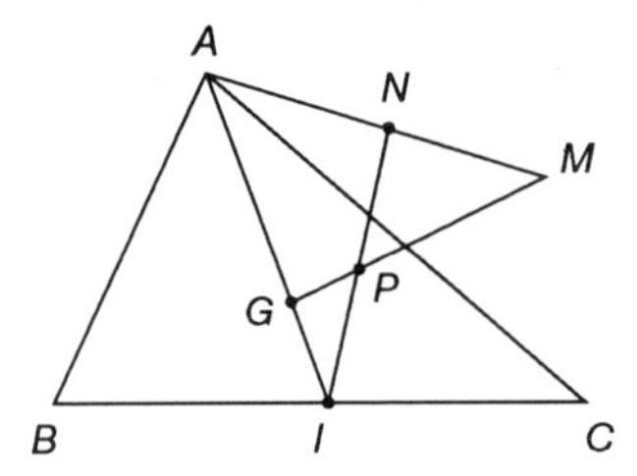

a) Écrire les expressions vectorielles des vecteurs $\overrightarrow{GM}$ et $\overrightarrow{GP}$ dans le repère ayant pour origine A et pour base vectorielle $\vec{u} = \overrightarrow{AM}$ et $\vec{v} = \overrightarrow{AI}$.

b) En déduire que les 3 points G, P, M sont alignés et définir la transformation géométrique qui, à M, fait correspondre P.

c) Déterminer les coordonnées «affines» du point P dans le repère $(A, \vec{u}, \vec{v})$.

Réponses :

a) $\overrightarrow{GM} = \vec{u} - \frac{2}{3}\vec{v}$ $\qquad$ $\overrightarrow{GP} = \frac{1}{4}\vec{u} - \frac{1}{6}\vec{v}$

b) $\overrightarrow{GP} = \frac{1}{4}\overrightarrow{GM}$, homothétie de centre G de rapport $\frac{1}{4}$

c) $P\left(\frac{1}{4}, \frac{1}{2}\right)$

A2 – Démontrer que si 2 triangles de l'espace ABC et $A'B'C'$ ont le même centre de gravité G, on a la relation :

$$\overrightarrow{AA'} + \overrightarrow{BB'} + \overrightarrow{CC'} = \vec{0}$$

Conseil : Faire la différence entre 2 relations vectorielles définissant l'«isobarycentre» (centre de gravité) de 3 points de l'espace.

A3 – Dans un repère vectoriel $(0, \vec{u}, \vec{v}, \vec{w})$, on considère 4 points de coordonnées affines :

$A_1\ (1, 0, 1)$ $\quad A_2\ (4, -1, 0)$ $\quad A_3\ (0, 3, -2)$ $\quad A_4\ (0, -2, -4)$

Déterminer les coordonnées affines du barycentre G de ces 4 points, affectés respectivement des masses :

$M_1 = 4$ kg $\quad M_2 = 2$ kg $\quad M_3 = 3$ kg $\quad M_4 = 1$ kg

Réponse : $G\ (1{,}2 \quad 0{,}5 \quad -0{,}6)$

A4 – On considère un parallélépipède oblique de centre O d'arêtes AB, AC, AD issues du sommet A. Un 1er repère vectoriel a comme origine le point A et comme base vectorielle :

$\vec{u} = \overrightarrow{AB}$ $\quad \vec{v} = \overrightarrow{AC}$ $\quad \vec{w} = \overrightarrow{AD}$

Un 2e repère vectoriel a comme origine le point O et comme base vectorielle :

$\vec{u_1} = \overrightarrow{OB}$ $\quad \vec{v_1} = \overrightarrow{OC}$ $\quad \vec{w_1} = \overrightarrow{OD}$

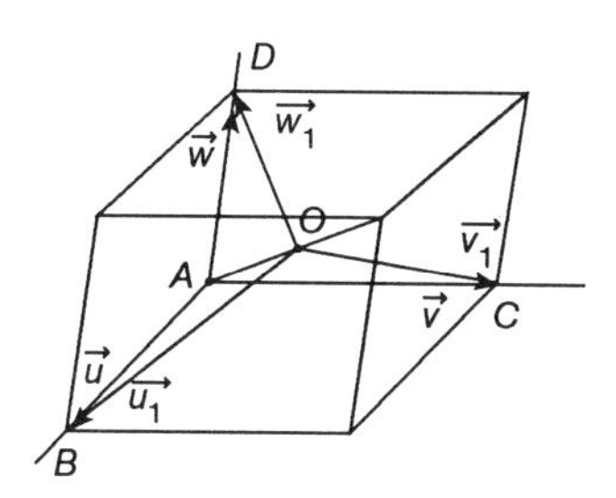

Établir les formules de changement de coordonnées d'un point M quelconque dont les coordonnées affines sont (x, y, z) dans le 1er repère et (x_1, y_1, z_1) dans le 2e repère.

Réponse : $\begin{cases} x_1 = 1 - y - z \\ y_1 = 1 - z - x \\ z_1 = 1 - x - y \end{cases}$ ou $\begin{cases} 2x = 1 + x_1 - y_1 - z_1 \\ 2y = 1 - x_1 + y_1 - z_1 \\ 2z = 1 - x_1 - y_1 + z_1 \end{cases}$

A5 – On considère un triangle équilatéral ABC, I le milieu de AB, J le point de CA défini par $\overrightarrow{CJ} = \frac{1}{3}\overrightarrow{CA}$, et G l'intersection de CI et BJ.

Le point A étant affecté d'une masse $m_A = 1$ kg, déterminer les masses m_B et m_C qu'il faut affecter respectivement aux points B et C pour que G soit le barycentre des 3 points $A\ (1)$, $B\ (m_B)$ et C (m_C).

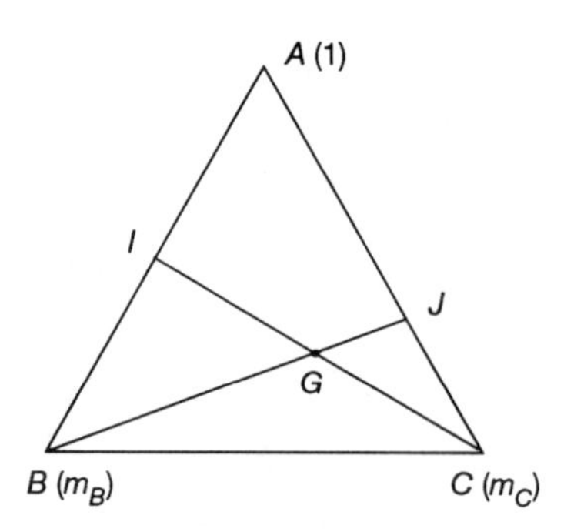

Conseils : pour une solution géométrique, démontrer que G est le milieu de CI pour une solution analytique, déterminer les coordonnées affines de G dans le repère (B, $\overrightarrow{BC}$, $\overrightarrow{BA}$).

Réponse : $m_B = 1$ kg $\quad$ $m_C = 2$ kg

A6 – On considère, dans un repère orthonormé du plan $(0, \vec{i}, \vec{j})$ les 2 points A et B de coordonnées orthogonales $A\ (\sqrt{3}\ ,1)$ et $B\ (0, 2)$. Déterminer les coordonnées orthogonales des points M du plan tels que le triangle AMB soit rectangle isocèle en M.

Réponse : $M_1\left(\frac{\sqrt{3}-1}{2}, \frac{3-\sqrt{3}}{2}\right)$ et $M_2\left(\frac{\sqrt{3}+1}{2}, \frac{3+\sqrt{3}}{2}\right)$

A7 – Soit, dans un repère orthonormé de l'espace $(0, \vec{i}, \vec{j}, \vec{k})$, la sphère d'équation :

$$x^2 + y^2 + z^2 + 4\,x - 6\,y - 2\,z - 2 = 0$$

a) Déterminer son rayon R et les coordonnées orthogonales de son centre C.

b) Écrire son équation dans le repère $(O, \vec{I}, \vec{J}, \vec{K})$ obtenu par la translation de vecteur $\overrightarrow{OC}$ du repère initial.

Réponses : a) $R = 4$ $\quad$ $C\,(-2, 3, 1)$ $\quad$ b) $X^2 + Y^2 + Z^2 - 16 = 0$

A8 – On considère 3 points A, B, C dont les coordonnées orthogonales dans un repère orthonormé de l'espace sont :

$A\,(3, 1, -2)$ $\quad$ $B\,(-1, 3, 3)$ $\quad$ $C\,(4, -2, \alpha)$

a) Déterminer la valeur de α pour que ABC soit un triangle rectangle en A

b) Calculer alors la longueur l_1 de la médiane issue de A et la longueur l_2 de l'hypothénuse BC.

Réponses : a) $\alpha = 0$ b) $l_1 = \frac{\sqrt{59}}{2}$ $l_2 = \sqrt{59}$

A9 – On considère, dans un repère orthonormé de l'espace $(0, \vec{i}, \vec{j}, \vec{k})$ les 3 points A, B, C situés sur les axes définis par :

$\overrightarrow{OA} = \vec{i}$ $\overrightarrow{OB} = 2\vec{j}$ $\overrightarrow{OC} = 3\vec{k}$

a) Écrire l'équation du plan passant par A, B et C et calculer la distance d de l'origine à ce plan.

b) Calculer l'aire S du triangle ABC, et la distance h du sommet A au côté BC.

Réponses : a) $6x + 3y + 2z - 6 = 0$ $d = \frac{6}{7}$

b) $S = \frac{7}{2}$ $h = \frac{7}{\sqrt{13}}$

A10 – On considère, dans un repère orthonormé du plan $(O, \vec{i}, \vec{j})$, un triangle équilatéral ABC dont les sommets ont pour coordonnées orthogonales :

$A(-a, 0)$ $B(a, 0)$ $C(0, a\sqrt{3})$

Démontrer que, quelque soit la position d'un point $M(x, y)$ à l'intérieur du triangle ABC, la somme de ses distances aux 3 côtés AB, AC et CA sera constante. Calculer cette somme en fonction de a.

Réponse : $\|MP\| + \|MQ\| + \|MR\| = a\sqrt{3}$

A11 – On considère, dans un repère orthonormé de l'espace $(0, \vec{i}, \vec{j}, \vec{k})$, la droite (D) passant par le point $A(1, 0, -1)$ et de vecteur directeur $\vec{V} = 2\vec{i} + \vec{j} - \vec{k}$.

a) Déterminer l'équation du plan (P) contenant la droite (D) et l'origine O.

b) Déterminer les coordonnées orthogonales du projeté orthogonal H du point $B(1, 2, -1)$ sur (P).

Réponses : a) $x - y + z = 0$ b) $H\left(\frac{5}{3}, \frac{4}{3}, -\frac{1}{3}\right)$

A12 – Écrire, dans un repère orthonormé de l'espace $(0, \vec{i}, \vec{j}, \vec{k})$ l'équation d'un plan :

a) passant par les 3 points $M_1\ (0, 0, 1)$ $M_2\ (1, 2, 2)$ $M_3\ (3, 1, 4)$

b) passant par le point $M_0\ (1, 4, 3)$ et perpendiculaire à la droite (D) dont les équations sont $\frac{x-1}{2} = \frac{y-4}{-2} = z+2$

c) passant par le point $A\ (0, 2, 1)$, parallèle au vecteur $\vec{V} = \vec{i} + \vec{j} + 2\vec{k}$, et perpendiculaire au plan (π) dont l'équation est $x + y - z + 3 = 0$

Réponses : a) $x - z + 1 = 0$ b) $2x - 2y + z + 3 = 0$ c) $x - y + 2 = 0$

A13 – Déterminer, dans un repère orthonormé de l'espace $(0, \vec{i}, \vec{j}, \vec{k})$:

a) l'angle θ entre les 2 plans (P_1) d'équation $x + y - 2z - 5 = 0$ et (P_2) d'équation $x - y - z - 4 = 0$.

b) la distance d du point $M_0\ (1, -4, -2)$ au plan (P) d'équation $x - y + z - 2 = 0$.

c) l'angle φ entre la droite (D) d'équations $\frac{x-2}{6} = \frac{y+1}{2} = \frac{z-2}{3}$ et le plan horizontal $z = 0$.

Réponses : a) $\theta = \pm 61{,}9°$ b) $d = \frac{1}{\sqrt{3}}$ c) $\varphi = 25{,}4°$ ou $154{,}6°$

A14 – On considère, dans un repère orthonormé de l'espace $(O, \vec{i}, \vec{j}, \vec{k})$, le système de forces (F) représenté par :

$$\begin{cases} \vec{F_1} = 10\vec{i} + 5\vec{j} - 5\vec{k} & \text{appliquée au point } M_1\ (2, 0, -1) \\ \vec{F_2} = -10\vec{j} + 10\vec{k} & \text{appliquée au point } M_2\ (2, -2, 1) \\ \vec{F_3} = \vec{i} + 8\vec{j} + \vec{k} & \text{appliquée au point } M_3\ (-1, -1, 0) \\ \vec{F_4} = 6\vec{i} - 3\vec{j} + 3\vec{k} & \text{appliquée au point } M_4\ (0, 1, -2) \end{cases}$$

Calculer les 2 «éléments de réduction» de ce système au point 0 :

la somme des forces, $\vec{S}(F)$, et le moment résultant de ces forces en 0, $\vec{\mathcal{M}_0}(F)$.

Réponse : $\vec{S}(F) = 17\vec{i} + 19\vec{k}$ $\vec{\mathcal{M}_0}(F) = -9\vec{i} - 31\vec{j} - 23\vec{k}$

Exercices pratiques

B1 – *Repérage d'un point de la Terre*

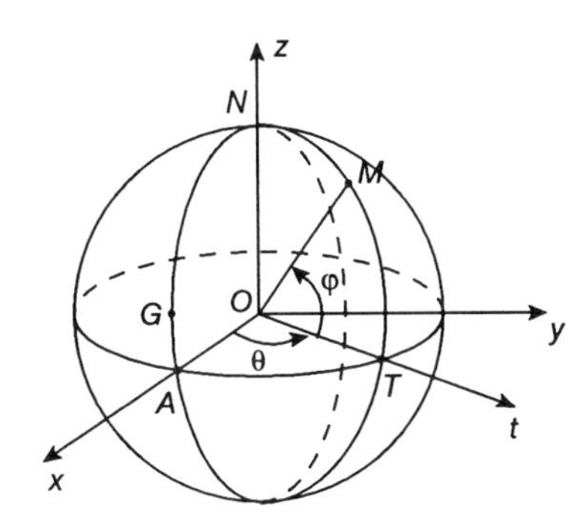

Déterminer les coordonnées orthogonales d'un point M de la Terre en fonction de sa longitude Est, θ, de sa latitude Nord, φ, et du rayon de la Terre supposée sphérique, R.

On utilisera le repère orthonormé direct $(0, \vec{i}, \vec{j}, \vec{k})$ défini par :

- 0 au centre de la Terre
- $\vec{k}$ dirigé vers l'étoile polaire
- $\vec{i}$ dans le plan contenant $\vec{k}$ et la ville de Greenwich

Réponse : $x = R \cos\theta \cos\varphi$ $\quad y = R \sin\theta \cos\varphi$ $\quad z = R \sin\varphi$

B2 – *Trajets d'élévateurs*

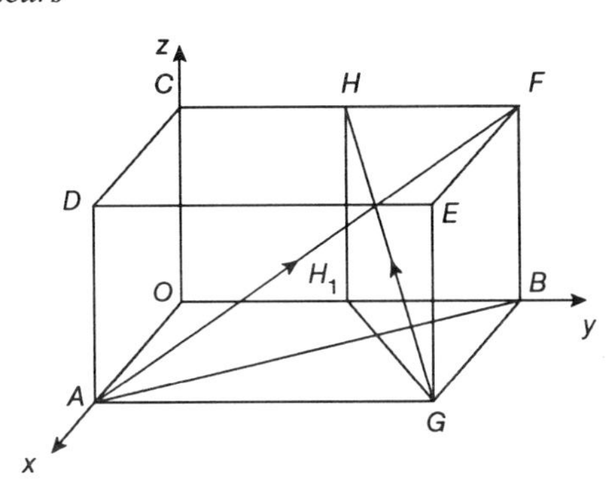

On étudie des implantations d'élévateurs dans une structure parallélépipédique rectangulaire dont les arêtes issues du sommet O ont pour longueurs $OA = 3$ m, $OB = 4$ m, $OC = 2$ m. On appelle H le milieu de l'arête CF.

Déterminer, en précisant le repère utilisé :

a) l'angle de pente α_1 du trajet AF, et l'angle de pente α_2 du trajet GH.

b) l'angle α que forment entre eux ces 2 trajets.

c) la distance d du point G au plan défini par les 3 points O, D et H.

Réponses : a) $\alpha_1 = 21{,}8°$ $\alpha_2 = 29°$ b) $\alpha = 77°$ c) $d = \frac{18}{\sqrt{22}} \simeq 3{,}84\,\text{m}$

B3 – *Localisation d'un ballon atmosphérique*

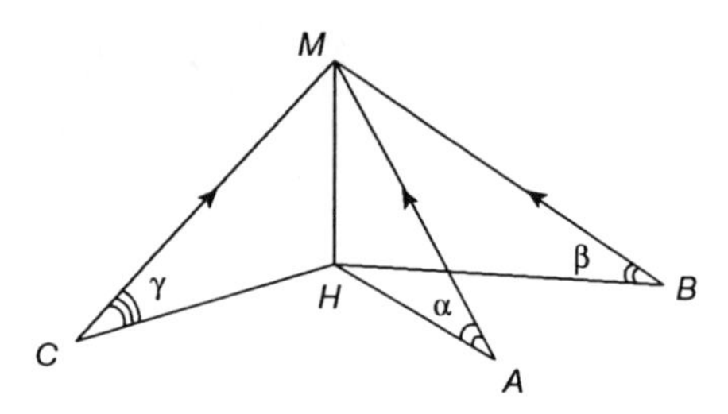

Un ballon atmosphérique M est localisé par la mesure de ses «élévations» α, β, γ à partir de trois stations d'observation au sol A, B, C.

Les stations utilisées forment un triangle rectangle en A de côtés $AB = 3$ km et $AC = 2$ km. On mesure $\alpha = \beta = \gamma = 45°$: définir la position du ballon, en précisant le repère utilisé.

Réponse : M ($x = 1{,}5$ km $y = 1$ km $z = 1{,}8$ km)

$$\text{repère } \left(A,\ \vec{i} = \frac{\overrightarrow{AB}}{\|\overrightarrow{AB}\|},\ \vec{j} = \frac{\overrightarrow{AC}}{\|\overrightarrow{AC}\|},\ \vec{k}\right)$$

B4 – *Systèmes cristallins*

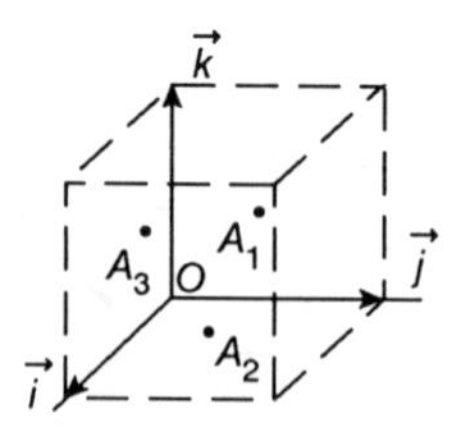

Trois atomes d'un réseau cristallin occupent dans un repère orthonormé direct $(0, \vec{i}, \vec{j}, \vec{k})$ les positions suivantes :

$A_1\left(\frac{1}{4}, \frac{1}{2}, \frac{1}{2}\right)$ $A_2\left(\frac{1}{2}, \frac{1}{4}, \frac{1}{4}\right)$ $A_3\left(\frac{1}{4}, 0, \frac{1}{2}\right)$

Montrer que A_2 est situé dans le plan médiateur de $A_1 A_3$ et calculer l'angle $\alpha = \left(\overrightarrow{A_1 A_2}, \overrightarrow{A_1 A_3}\right)$

Réponse : $\alpha = 54{,}7°$

B5 – *Axes principaux d'une orbite céleste*

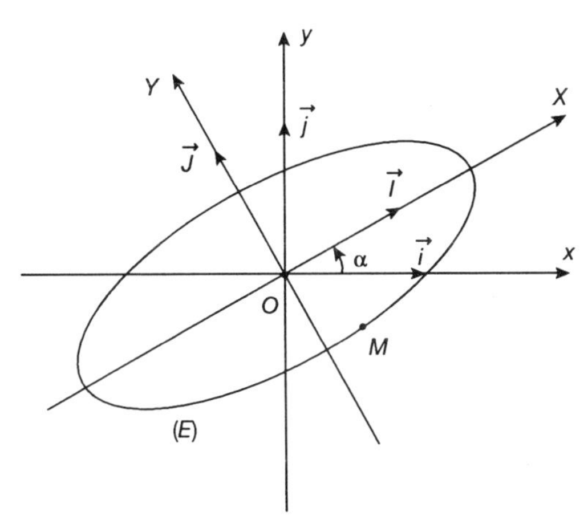

La trajectoire (E) d'un point M (x, y), définie dans un repère orthonormé de son plan $(O, \vec{i}, \vec{j})$, est donnée par l'équation suivante (dont le 1er membre est une « forme quadratique ») :

$$x^2 - \sqrt{3}\, xy + 2y^2 = 1$$

a) Montrer que O est centre de symétrie de (E).

b) Déterminer l'angle α de rotation des axes tel que la nouvelle équation de (E), dans le repère orthonormé $(0, \vec{I}, \vec{J})$, ne contient plus de terme « rectangle », en XY. Écrire cette nouvelle équation.

Réponse : $\alpha = \frac{\pi}{6}$ $\qquad \frac{X^2}{2} + \frac{5Y^2}{2} = 1$

B6 – *Suspension d'une plaque chargée*

Une plaque rigide triangulaire de masse négligeable porte 3 masses ponctuelles $M_A = 1$ kg, $M_B = 3$ kg, $M_C = 4$ kg attachées à ses sommets A, B, C.

Déterminer la position du point G de la plaque par lequel il faut la suspendre pour qu'elle reste horizontale (on précisera le repère utilisé).

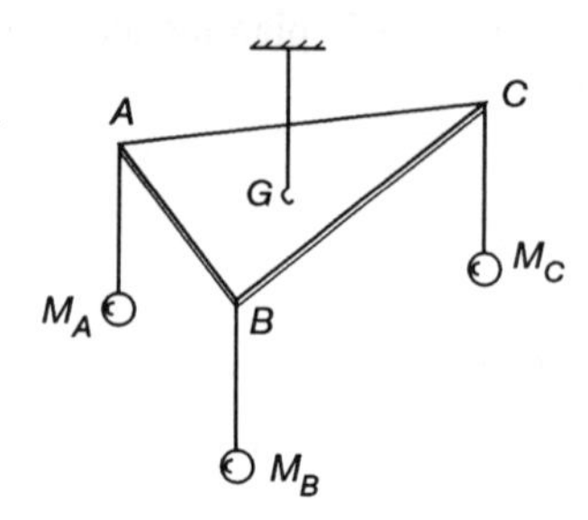

Données : $AB = 30$ cm $\quad BC = 50$ cm $\quad AC = 40$ cm

Réponse : $\begin{cases} x_G = 11{,}25 \text{ cm} \\ y_G = 20 \text{ cm} \end{cases}$ repère $\left(A,\ \vec{i} = \dfrac{\overrightarrow{AB}}{\|\overrightarrow{AB}\|},\ \vec{j} = \dfrac{\overrightarrow{AC}}{\|\overrightarrow{AC}\|}\right)$

B7 – *Trigonométrie sphérique (Astronomie, Navigation)*

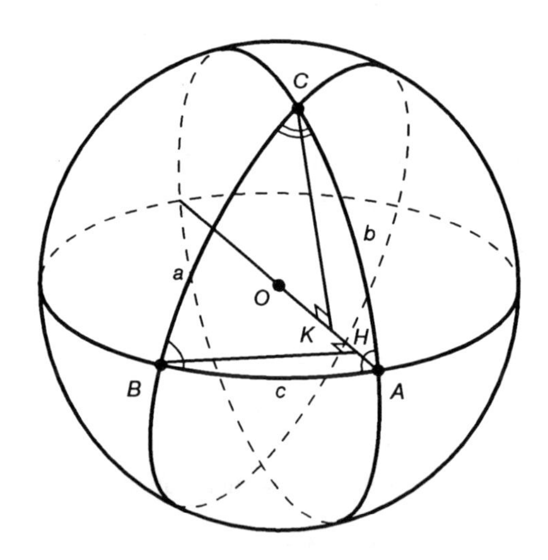

On considère, sur une sphère de rayon 1, 3 grands cercles qui délimitent un «triangle sphérique» ABC. Les angles formés 2 à 2 par les plans des grands cercles sont les angles au sommet de ce triangle, soient A, B, C. Les mesures des «côtés» sont des arcs de grand cercle, respectivement définis par les angles au centre :

$$a = \left(\overrightarrow{OB}\ \ \overrightarrow{OC}\right) \qquad b = \left(\overrightarrow{OC}\ \ \overrightarrow{OA}\right) \qquad c = \left(\overrightarrow{OA}\ \ \overrightarrow{OB}\right)$$

a) Montrer que cos a est égal au produit scalaire $\overrightarrow{OB}\ \ \overrightarrow{OC}$.

b) On appelle H et K les projetés orthogonaux des points B et C sur OA. Montrer que :

$$\begin{cases} \overrightarrow{OH}\ \ \overrightarrow{OK} = \cos b \cos c \\ \overrightarrow{HB}\ \ \overrightarrow{KC} = \sin b \sin c \cos A \end{cases}$$

c) En utilisant les relations vectorielles :

$$\begin{cases} \overrightarrow{OB} = \overrightarrow{OH} + \overrightarrow{HB} \\ \overrightarrow{OC} = \overrightarrow{OK} + \overrightarrow{KC} \end{cases},$$

en déduire que : $\cos a = \cos b \cos c + \sin b \ \sin c \ \cos A$

Chapitre 5

Déterminants

cours-résumé

Déterminant

On appelle «déterminant» la valeur scalaire d'un tableau *carré* de nombres quelconques appelés «éléments» :

$$\Delta = \begin{vmatrix} a_{11} & a_{12} & \cdots & a_{1n} \\ a_{21} & a_{22} & \cdots & a_{2n} \\ \vdots & & & \\ a_{n1} & a_{n2} & \cdots & a_{nn} \end{vmatrix}$$

Le nombre entier n de lignes et de colonnes est appelé l'«ordre» du déterminant.

Calcul d'un déterminant

Le calcul d'un déterminant est basé sur son «développement».

Pour un déterminant d'ordre 2, le développement est égal à la différence des produits des éléments en croix, dans l'ordre suivant :

$$\Delta = \begin{vmatrix} a_{11} & a_{12} \\ a_{21} & a_{22} \end{vmatrix} = a_{11}a_{22} - a_{21}a_{12}$$

Pour un déterminant d'ordre 3, on se ramène au calcul de 3 déterminants d'ordre 2, en effectuant le développement selon les éléments d'une ligne (ou selon les éléments d'une colonne) :

Exemple de développement selon les éléments de la 1re ligne :

$$\Delta = \begin{vmatrix} \boxed{a_{11} \; a_{12} \; a_{13}} \\ a_{21} \; a_{22} \; a_{23} \\ a_{31} \; a_{32} \; a_{33} \end{vmatrix} = a_{11}\begin{vmatrix} a_{22} & a_{23} \\ a_{32} & a_{33} \end{vmatrix} - a_{12}\begin{vmatrix} a_{21} & a_{23} \\ a_{31} & a_{33} \end{vmatrix} + a_{13}\begin{vmatrix} a_{21} & a_{22} \\ a_{31} & a_{32} \end{vmatrix} \qquad (1)$$

Exemple de développement selon les éléments de la 2e colonne :

$$\Delta = \begin{vmatrix} a_{11} & \boxed{a_{12}} & a_{13} \\ a_{21} & \boxed{a_{22}} & a_{23} \\ a_{31} & \boxed{a_{32}} & a_{33} \end{vmatrix} = -a_{12} \begin{vmatrix} a_{21} & a_{23} \\ a_{31} & a_{33} \end{vmatrix} + a_{22} \begin{vmatrix} a_{11} & a_{13} \\ a_{31} & a_{33} \end{vmatrix} - a_{32} \begin{vmatrix} a_{11} & a_{13} \\ a_{21} & a_{23} \end{vmatrix} \qquad (2)$$

Pour un déterminant d'ordre 4, on se ramènerait de la même façon au calcul de 4 déterminants d'ordre 3, etc…

Déterminant «mineur» d'un élément

On appelle «mineur» d'un élément quelconque de Δ, a_{ij} situé à l'intersection de la i^{ème} ligne et de la j^{ème} colonne, le déterminant d'ordre immédiatement inférieur obtenu en supprimant dans Δ la i^{ème} ligne et la j^{ème} colonne.

Ainsi, par exemple, les déterminants d'ordre 2 qui apparaissent dans les développements précédents sont les «mineurs» M_{ij} des éléments a_{ij} selon lesquels on a développé Δ :

$$\Delta = a_{11} M_{11} - a_{12} M_{12} + a_{13} M_{13} \qquad (1)$$

$$\Delta = -a_{12} M_{12} + a_{22} M_{22} - a_{32} M_{32} \qquad (2)$$

Cofacteur d'un élément

On appelle «cofacteur» d'un élément quelconque a_{ij} de Δ le mineur ou l'opposé du mineur de cet élément selon que la somme des rangs de la ligne et de la colonne de a_{ij} est paire ou impaire :

$$\boxed{C_{ij} = (-1)^{i+j} . M_{ij}}$$

Ainsi, en faisant intervenir les cofacteurs, les développements précédents s'écrivent :

$$\Delta = a_{11} C_{11} + a_{12} C_{12} + a_{13} C_{13} \qquad (1)$$

$$\Delta = a_{12} C_{12} + a_{22} C_{22} + a_{32} C_{32} \qquad (2)$$

Règle pratique des signes

Lorsqu'on développe un déterminant, on utilise la règle pratique de l'alternance des signes :

$$\begin{vmatrix} + & - & + & - \\ - & + & - & + \\ + & - & + & - \\ - & + & - & + \end{vmatrix}$$

Le tableau ci-contre donne les signes qui doivent être affectés aux mineurs des éléments qui occupent les positions correspondantes.

Déterminant des cofacteurs

On appelle déterminant des cofacteurs d'un déterminant Δ le déterminant, noté cof Δ, obtenu en remplaçant chaque élément a_{ij} de Δ par son cofacteur C_{ij} :

$$\operatorname{cof}\Delta = \begin{vmatrix} C_{11} & C_{12} & \cdots & C_{1n} \\ C_{21} & C_{22} & \cdots & C_{2n} \\ \vdots & & & \\ C_{n1} & C_{n2} & \cdots & C_{nn} \end{vmatrix}$$

Règles pratiques de calcul

Les règles suivantes sont très utiles pour simplifier le calcul d'un déterminant :

Règle n° 1 : La valeur d'un déterminant Δ se change en son opposée $-\Delta$ si on intervertit 2 lignes quelconques entre elles, ou 2 colonnes quelconques entre elles.

Règle n° 2 : Tout déterminant ayant 2 lignes identiques, ou 2 colonnes identiques, ou 2 lignes proportionnelles, ou 2 colonnes proportionnelles, est nul.

Règle n° 3 : La valeur d'un déterminant est multipliée par λ si on multiplie par λ tous les éléments d'une même ligne, ou tous les éléments d'une même colonne.

Règle n° 4 : La valeur d'un déterminant est inchangée si on ajoute (ou si on retranche) aux éléments d'une même ligne les éléments correspondants d'une autre ligne. Même règle pour les colonnes.

Règle n° 5 : La valeur d'un déterminant est inchangée si on ajoute (ou si on retranche) aux éléments d'une même ligne des grandeurs proportionnelles aux éléments correspondants de plusieurs autres lignes. Même règle pour les colonnes.

Triangularisation d'un déterminant

On peut, sans en changer sa valeur, transformer un déterminant en un déterminant comportant un triangle de zéros en-dessous de sa diagonale principale.

Exercices

(☐ : *Les solutions développées sont données p. 141*)

Exercices théoriques

A1 – On considère le déterminant d'ordre 3 $\Delta = \begin{vmatrix} 1 & 4 & -1 \\ 2 & 1 & 0 \\ 3 & 1 & -2 \end{vmatrix}$

a) Calculer le «mineur» de l'élément 2 et le «cofacteur» de l'élément 4.

b) Écrire le déterminant obtenu en remplaçant dans Δ chacun de ses éléments par son «cofacteur» correspondant (déterminant des cofacteurs de Δ).

Réponses : a) $M_{(2)} = -7 \quad C_{(4)} = 4$ b) $\operatorname{cof}\Delta = \begin{vmatrix} -2 & 4 & -1 \\ 7 & 1 & 11 \\ 1 & -2 & -7 \end{vmatrix}$

A2 – Calculer les valeurs des déterminants suivants, en les développant d'abord selon les éléments de la 1re colonne, puis selon les éléments de la 2e ligne. Vérifier l'égalité des résultats.

a) $\Delta = \begin{vmatrix} 3 & 4 & -2 \\ 2 & 0 & 1 \\ 1 & -1 & 3 \end{vmatrix}$ b) $\Delta = \begin{vmatrix} 2 & -1 & 1 \\ 3 & 2 & -5 \\ 1 & 3 & -2 \end{vmatrix}$

c) $\Delta = \begin{vmatrix} 1 & 2 & 1 & 0 \\ 0 & 1 & 0 & 1 \\ 4 & 3 & -1 & 2 \\ 1 & 1 & 0 & 1 \end{vmatrix}$ d) $\Delta = \begin{vmatrix} 1 & 2 & 1 & -1 \\ 2 & 1 & 3 & 1 \\ 0 & 1 & 0 & 2 \\ 4 & -1 & 2 & -3 \end{vmatrix}$

Réponses : a) $\Delta = -23$ b) $\Delta = 28$ c) $\Delta = -3$ d) $\Delta = -37$

A3 – En utilisant au mieux les règles pratiques de simplification du calcul d'un déterminant, démontrer que :

a) $\Delta = \begin{vmatrix} 1 & a & b & c+d \\ 1 & b & c & d+a \\ 1 & c & d & a+b \\ 1 & d & a & b+c \end{vmatrix} = 0$

b) $\Delta = \begin{vmatrix} a-b-c & 2a & 2a \\ 2b & b-c-a & 2b \\ 2c & 2c & c-a-b \end{vmatrix} = (a+b+c)^3$

Conseils : a) Remplacer l'une des 3 dernières colonnes par la somme de ces 3 colonnes.

b) Remplacer la 1re ligne par la somme des 3 lignes.

A4 – On considère les déterminants Δ_n d'ordre n dont tous les éléments sont égaux à 1 sauf ceux de la diagonale principale qui sont égaux à 0 ($n \geq 2$).

$$\Delta_n = \begin{vmatrix} 0 & 1 & 1 & 1 & \cdots & 1 \\ 1 & 0 & 1 & 1 & \cdots & 1 \\ 1 & 1 & 0 & 1 & \cdots & 1 \\ 1 & 1 & 1 & 0 & \cdots & 1 \\ \vdots & \vdots & \vdots & \vdots & & \vdots \\ 1 & 1 & 1 & 1 & \cdots & 0 \end{vmatrix}$$

a) Calculer Δ_2, Δ_3 et Δ_4.

b) Établir la relation de récurrence suivante :

$$(n-2) \,.\, \Delta_n = -(n-1) \,.\, \Delta_{n-1}$$

Conseil : ajouter toutes les lignes à la 1re, puis développer selon les éléments de la 1re ligne.

c) En déduire la valeur de Δ_n en fonction de n.

Réponses : a) $\Delta_2 = -1$ $\quad \Delta_3 = +2$ $\quad \Delta_4 = -3$

c) $\Delta_n = (-1)^{n-1} \,.\, (n-1)$

A5 – Calculer les valeurs des déterminants des cofacteurs des déterminants suivants (obtenus en remplaçant chaque élément par son «cofacteur») :

a) $\Delta = \begin{vmatrix} 3 & 2 \\ 7 & 6 \end{vmatrix}$ $\qquad$ b) $\Delta = \begin{vmatrix} 3 & 1 & -1 \\ 0 & 2 & 1 \\ 5 & 2 & -3 \end{vmatrix}$

Vérifier dans chaque cas la relation :

$\operatorname{cof} \Delta = (\Delta)^{n-1}$, où n désigne l'ordre du déterminant

Réponses : a) $\operatorname{cof} \Delta = 4$ $\quad \Delta = 4$ $\quad \operatorname{cof} \Delta = \Delta$

b) $\operatorname{cof} \Delta = 81$ $\quad \Delta = -9$ $\quad \operatorname{cof} \Delta = \Delta^2$

A6 – En utilisant uniquement sur les lignes les règles pratiques concernant le calcul d'un déterminant, faire apparaître trois zéros à la place des éléments situés en-dessous de la diagonale principale des déterminants suivants, sans en changer la valeur :

a) $\Delta = \begin{vmatrix} 1 & -1 & 7 \\ 2 & 3 & 4 \\ -2 & 5 & 6 \end{vmatrix}$ $\qquad$ b) $\Delta = \begin{vmatrix} 2 & 1 & 2 \\ 1 & 2 & 3 \\ 3 & 1 & -2 \end{vmatrix}$

Réponses : a) $\Delta = \begin{vmatrix} 1 & -1 & 7 \\ 0 & 5 & -10 \\ 0 & 0 & 26 \end{vmatrix} = 130$

b) $\Delta = \begin{vmatrix} 2 & 1 & 2 \\ 0 & \frac{3}{2} & 2 \\ 0 & 0 & -\frac{13}{3} \end{vmatrix} = -13$

Chapitre 6

Systèmes d'équations linéaires

cours – résumé

Système de *n* équations linéaires à *n* inconnues

Un système de n équations *linéaires* à n inconnues $x_1, x_2, \ldots, x_n$ est un ensemble d'équations dans lesquelles ces inconnues n'interviennent qu'au 1er degré :

$$(S) \quad \begin{cases} a_{11}x_1 + a_{12}x_2 + \ldots + \alpha_{1n}x_n = b_1 \\ a_{21}x_1 + a_{22}x_2 + \ldots + a_{2n}x_n = b_2 \\ a_{n1}x_1 + a_{n2}x_2 + \ldots + a_{nn}x_n = b_n \end{cases}$$

On appelle « déterminant du système » le déterminant d'ordre n dont les éléments de chaque ligne sont les «*coefficients des inconnues*» de chaque équation :

$$\Delta = \begin{vmatrix} a_{11} & a_{12} & \ldots & a_{1n} \\ a_{21} & a_{22} & \ldots & a_{2n} \\ \vdots & \vdots & & \vdots \\ a_{n1} & a_{n2} & \ldots & a_{nn} \end{vmatrix}$$

Un système est dit «*homogène*» lorsque *tous* les «*coefficients des* 2^{nds} *membres*» sont nuls :

$$b_1 = b_2 = \ldots = b_n = 0$$

Un système est dit «*non homogène*» lorsqu'au moins un des coefficients des 2^{nds} membres n'est pas nul.

Résultats généraux

L'existence de solutions d'un système d'équations linéaires dépend du nombre d'équations qui sont «*linéairement indépendantes*», c'est-à-dire telles que l'une (ou plusieurs) ne soit pas une (ou des) combinaison linéaire des autres : ce nombre est appelé le «*rang*» du système, noté r.

Pour un système de n équations à n inconnues, on a les résultats suivants :

1er cas : Si le rang du système est égal au nombre d'équations, soit $r = n$

Une condition nécessaire et suffisante pour que l'on soit dans ce cas est que le déterminant du système ne soit pas nul :

$$\boxed{\Delta \neq 0}$$

Le système est alors «*déterminé*», il admet une solution *unique*, définie par le théorème de Cramer pour un système non homogène.

Pour un système *homogène*, cette solution unique est la solution «banale» :

$$x_1 = x_2 = \ldots = x_n = 0$$

2e cas : Si le rang du système est inférieur au nombre d'équations, soit $r < n$

Le déterminant Δ est nul, il y a r inconnues «principales» auxquelles correspond un déterminant $\delta \neq 0$ appelé «déterminant principal».

On définit alors les «déterminants caractéristiques» relatifs aux $n - r$ inconnues non principales (ils sont obtenus en remplaçant dans Δ la colonne des coefficients des inconnues par la colonne des coefficients de 2^nds membres).

a) Si tous ces déterminants caractéristiques sont nuls, le système est «*indéterminé*», il admet une infinité de solutions : on dit qu'il y a une «*indétermination d'ordre $n - r$*».

b) Pour un système *non homogène*, si au moins un de ces déterminants caractéristiques n'est pas nul, le sytème est «*impossible*» : les valeurs des coefficients des 2^nds membres rendent incompatibles une ou plusieurs des r équations principales du système.

Résolution d'un système par la méthode de Cramer

Cette méthode, aussi appelée méthode des déterminants, repose sur le théorème suivant :

Théorème de Cramer :

Si la valeur du déterminant Δ d'un système de n équations à n inconnues est différente de zéro, ce système admet une solution unique définie par :

$$\boxed{x_1 = \frac{\Delta_1}{\Delta}, x_2 = \frac{\Delta_2}{\Delta}, \ldots, x_n = \frac{\Delta_n}{\Delta}}$$

$\Delta_1, \Delta_2, \ldots, \Delta_n$ sont les valeurs des déterminants que l'on obtient en remplaçant dans Δ respectivement la 1re colonne, la 2e colonne, ... la n^ième colonne par la colonne des coefficients des 2^nds membres du système.

Lorsqu'un système ne comporte pas un trop grand nombre d'équations, cette méthode de Cramer est la plus simple.

Résolution d'un système par la méthode des pivots de Gauss

Cette méthode est une méthode d'éliminations successives des inconnues entre les équations du système, conduite de façon *systématique* : elle consiste à remplacer le système par un *système triangulaire équivalent*, dont la dernière équation ne comportera que l'inconnu x_n, dont l'avant-dernière ne comportera que les 2 inconnues x_n et x_{n-1}, et ainsi de suite jusqu'à la 1re qui comportera toutes les inconnues. Un tel système sera alors facile à résoudre, en commençant par la dernière équation, puis l'avant-dernière, et ainsi de suite.

Une équation utilisée pour éliminer une inconnue est appelée une «*équation-pivot*». Dans une telle équation, le coefficient de l'inconnue qui sera éliminée dans les équations suivantes est appelé un «*pivot*».

L'élimination d'une inconnue (x_i par exemple) dans toute équation qui suit l'équation E_i (E_{i+1} par exemple) résulte du remplacement de E_{i+1} par une combinaison linéaire de E_i et E_{i+1} telle que le coefficient de x_i dans cette combinaison devienne *nul*.

Pratiquement, ces opérations successives reviennent à effectuer une *triangularisation* du déterminant du système.

Exemple : Résoudre le système

$$(S)\left\{\begin{array}{ll} \boxed{x_1} - x_2 + 2x_3 = a & (E_1) \\ x_1 + 2x_2 - x_3 = b & (E_2) \\ 2x_1 - x_2 - x_3 = c & (E_3) \end{array}\right.$$

On vérifie au préalable que ces 3 équations sont indépendantes $\Leftrightarrow \Delta = -12 \neq 0$.
Utilisons d'abord (E_1) comme équation-pivot, et le coefficient 1 de l'inconnue x_1 comme pivot.

En remplaçant (E_2) par $(E_2 - E_1)$ et (E_3) par $(E_3 - 2E_1)$, on élimine x_1 des deux dernières équations :

$$\left\{\begin{array}{ll} x_1 - x_2 + 2x_3 = & (E_1) \\ 0 + \boxed{3x_2} - 3x_3 = b - a & (E'_2) \\ 0 + x_2 - 5x_3 = c - 2a & (E'_3) \end{array}\right.$$

Utilisons maintenant (E'_2) comme équation-pivot, et le coefficient 3 de l'inconnue x_2 comme pivot :
En remplaçant (E'_3) par $\left(E'_3 - \frac{1}{3}E'_2\right)$, on élimine x_2 de la dernière équation :

$$\left\{\begin{array}{ll} x_1 - x_2 + 2x_3 = a & (E_1) \\ 0 + 3x_2 - 3x_3 = b - a & (E'_2) \\ 0 + 0 - 4x_3 = c - 2a - \frac{b}{3} + \frac{a}{3} & (E''_3) \end{array}\right.$$

On voit qu'on peut résoudre facilement ce dernier système, en commençant par calculer x_3 dans la 3e équation, puis x_2 dans la 2e équation (connaissant x_3) puis x_1 dans la 1re (connaissant x_2 et x_3), on obtient facilement :

$$(1) \qquad \begin{cases} x_1 = \dfrac{a}{4} + \dfrac{b}{4} + \dfrac{c}{4} \\ x_2 = \dfrac{a}{12} + \dfrac{5b}{12} - \dfrac{c}{4} \\ x_3 = \dfrac{5a}{12} + \dfrac{b}{12} - \dfrac{c}{4} \end{cases}$$

Lorsqu'un système comporte un grand nombre d'équations, cette méthode des pivots est très bien adaptée, parce qu'elle est facilement programmable.

Notion de programmation linéaire

De nombreux problèmes d'application (transport, raffinage, production) font intervenir des formes linéaires pour représenter d'une part une «*fonction-objectif*» que l'on cherche à optimiser, et d'autre part des «*contraintes*» qui s'exercent sur les variables du problème, traduites pratiquement par des *inéquations*.

Par exemple, pour 3 variables x_1, x_2, x_3, on pourrait avoir :

– une fonction-objectif $f = c_1 x_1 + c_2 x_2 + c_2 x_3$

– et 3 contraintes représentées par 3 inéquations :

$$\begin{cases} a_{11} x_1 + a_{12} x_2 + a_{13} x_3 \leq \alpha \\ a_{21} x_1 + a_{22} x_2 + a_{23} x_3 \leq \beta \\ a_{31} x_1 + a_{32} x_2 + a_{33} x_3 \leq \gamma \end{cases} \quad \alpha, \beta, \gamma \text{ donnés positifs}$$

On démontre que l'optimum de f est obtenu pour des valeurs de x_1, x_2, x_3 correspondant, dans un repère $(O, \overrightarrow{x_1}, \overrightarrow{x_2}, \overrightarrow{x_3})$, à l'un des sommets du polyèdre défini par les plans de coordonnées et par les plans dont les équations sont celles des contraintes «*saturées*» (c'est-à-dire en remplaçant les inéquations par des équations).

Exercices

(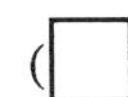 : *Les solutions développées sont données p. 143*)

Exercices théoriques

A1 – Vérifier que le rang du système d'équations suivant est égal à 3, puis le résoudre en appliquant la méthode des déterminants de Cramer :

$$\begin{cases} 2x + y + 2z = -2 \\ x + 2y + 3z = 1 \\ 3x + y - 2z = 5 \end{cases}$$

Réponse : $\Delta = -13 \neq 0 \quad x = -1 \quad y = 4 \quad z = -2$

A2 – Déterminer le degré et les coefficients d'un polynôme $P(x)$ tel que, pour toute valeur de x, il satisfasse l'équation différentielle suivante :

$$(x^2 - x - 2) \,.\, P''(x) + (1 - 3x) \,.\, P'(x) + P(x) = -4x^3 + 6x^2 - 22x + 18$$

Réponse : $P(x) = 2x^3 - 4x^2 - x + 3$

A3 – Résoudre et discuter selon la valeur du paramètre m les solutions des systèmes suivants :

a) $\begin{cases} mx + (m+2)y = m \\ (m+1)x + (m-1)y = \frac{1}{2} \end{cases}$

b) $\begin{cases} mx + y + z = 1 \\ x + my + z = m \\ x + y + mz = m^2 \end{cases}$

Réponses :

a) Si $m \neq -\frac{1}{2}$ solution unique : $x = -\frac{m-2}{4} \quad y = \frac{m}{4}$

Si $m = -\frac{1}{2}$ système indéterminé d'ordre 1, de rang 1.

Infinité de solutions : $x = 1 + 3\lambda \quad y = \lambda \quad \lambda$ arbitraire

b) Si $m \neq 1$ et $m \neq -2$

solution unique : $x = -\frac{m+1}{m+2} \quad y = \frac{1}{m+2} \quad z = \frac{(m+1)^2}{m+2}$

Si $m = 1$ système indéterminé d'ordre 2, de rang 1.

Double infinité de solutions :

$x = 1 - \lambda - \mu \quad y = \lambda \quad z = \mu \quad \lambda$ et μ arbitraires

Si $m = -2$, système impossible

A4 – On considère 3 droites du plan dont les équations sont, dans un repère orthonormé $(O, \vec{i}, \vec{j})$:

$$\begin{cases} (D_1) & x + y - 2 = 0 \\ (D_2) & x - 2y + 2 = 0 \\ (D_3) & 2x - y - 5 = 0 \end{cases}$$

Une droite (Δ) passant par l'origine rencontre respectivement (D_1), (D_2), (D_3) en 3 points A_1, A_2, A_3. Déterminer la pente m de (Δ) de telle sorte que A_2 soit le milieu de $A_1 A_3$.

Réponse : $m_1 = -1{,}965 \qquad m_2 = 0{,}865$

A5 – Résoudre et discuter selon la valeur du paramètre m le système d'équations linéaires et homogènes suivant :

$$\begin{cases} mx + 3y + 3z = 0 \\ 2x + y + z = 0 \\ x + y + mz = 0 \end{cases}$$

Réponse : si $m \neq 1$ et $m \neq 6$ solution unique «banale» $x = y = z = 0$

si $m = 1$ système indéterminé d'ordre 1, de rang 2.

Infinité de solutions : $x = 0 \quad y = -\lambda \quad z = \lambda \quad \lambda$ arbitraire

si $m = 6$ système indéterminé d'ordre 1, de rang 2.

Infinité de solutions : $x = 5\lambda \quad y = -11\lambda \quad z = \lambda \quad \lambda$ arbitraire

A6 – On considère 3 plans dont les équations sont, dans un repère orthonormé de l'espace $(O, \vec{i}, \vec{j}, \vec{k})$:

$$\begin{cases} (P_1) & x - y + 2z = 1 \\ (P_2) & x + 2y - z = 2 \\ (P_3) & 2x - y - z = 4 \end{cases}$$

Déterminer les coordonnées orthogonales du point $M_0\,(x_0, y_0, z_0)$ d'intersection de ces 3 plans.

Réponse : $M_0\left(x_0 = \frac{21}{12} \quad y_0 = -\frac{1}{12} \quad z_0 = -\frac{5}{12}\right)$

A7 – Résoudre et discuter selon la valeur du paramètre m le système des 3 équations à 4 inconnues x, y, z, t suivant :

$$\begin{cases} x + y + 2z - t = 1 \\ 4x - y + z + 2t = m \\ 11x - 4y + z + 7t = 5 \end{cases}$$

Réponse : Si $m \neq 2$ système impossible

Si $m = 2$ système indéterminé d'ordre 2, de rang 2.

Double infinité de solutions :

$x = \frac{3}{5}(1 - \lambda + \mu)$ $y = \frac{1}{5}(2 - 7\lambda + 2\mu)$ $z = \lambda$ $t = \mu$ λ et μ arbitraires

A8 – Résoudre le sytème de 4 équations à 4 inconnues x, y, z, t suivant :

$$\begin{cases} x + y - 2z + t = 1 \\ 2x + y + z - 2t = 2 \\ 3x + 2y - z - t = 3 \\ x + 3z - 3t = 1 \end{cases}$$

Réponse : Système indéterminé d'ordre 2, de rang 2.

Double infinité de solutions :

$x = 1 - 3\lambda + 3\mu$ $y = 5\lambda - 4\mu$ $z = \lambda$ $t = \mu$

λ et μ arbitraires

Exercices pratiques

B1 – *Circuit électrique*

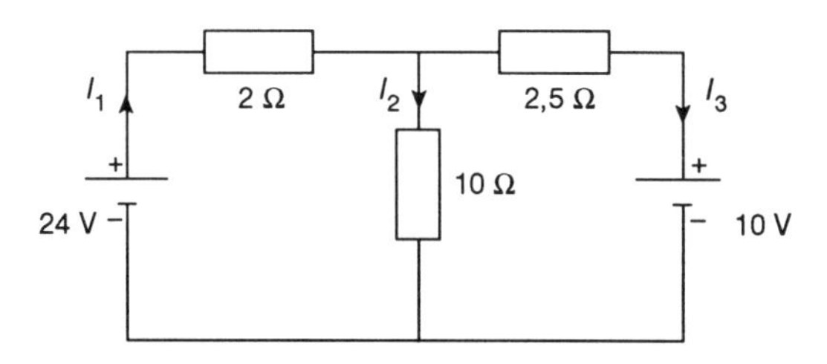

Calculer les intensités des 3 courants I_1, I_2, I_3 qui circulent dans les 3 branches du circuit dessiné, sachant qu'ils sont définis par les 3 équations linéaires suivantes :

$$\begin{cases} I_1 = I_2 + I_3 \\ 10\,I_2 = 24 - 2\,I_1 \\ 10\,I_2 = 10 + 2{,}5\,I_3 \end{cases}$$

Réponse : $I_1 = 4A$ $I_2 = 1{,}6\,A$ $I_3 = 2{,}4\,A$

B2 – *Organisation de fabrication industrielle*

Une usine fabrique 2 types de pièces, A et B, nécessitant l'utilisation de 2 machines R_1 et R_2. Les temps d'usinage de A et B sur chaque machine sont donnés dans le tableau ci-dessous.

	R_1	R_2
A	1/2 h	2/3 h
B	1/3 h	1/6 h

M_1 est disponible 120 h par mois et M_2 est disponible 80 h par mois. Le profit réalisé sur la pièce A est de 1 000 F, celui réalisé sur la pièce B de 500 F. Combien faut-il fabriquer de pièces de chaque type par mois pour que l'usine réalise un profit maximum ?

Réponse : 48 pièces A, 288 pièces B

B3 – *Réglage de débits d'eau chaude*

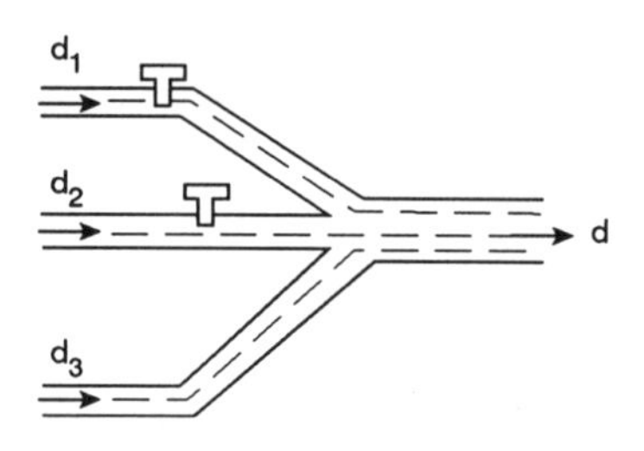

Trois canalisations d'eau chaude salée alimentent une conduite unique, sans pertes de charge, avec :

– des débits respectifs d_1, d_2, d_3 en m^3/s
– des températures respectives $\theta_1 = 80$ °C, $\theta_2 = 60$ °C, $\theta_3 = 40$ °C
– des teneurs en sel respectives $c_1 = 22$ kg/m^3, $c_2 = 24$ kg/m^3, $c_3 = 4$ kg/m^3

a) Quelle condition doivent satisfaire les débits d_1, d_2, d_3 pour que la température de l'eau de la conduite soit inférieure ou égale à 70° C.

b) Quelle condition doivent satisfaire les débits d_1, d_2, d_3 pour que la teneur en sel de l'eau de la conduite soit inférieure ou égale à 20 kg/m^3 ?

c) On suppose que le débit de la troisième canalisation est constant, $d_3 = 2$ m^3/s : comment doit-on régler les débits d_1 et d_2 pour que le débit total de la conduite soit maximum, tout en satisfaisant les 2 conditions a) et b) ?

Réponses : a) $d_1 - d_2 - 3\,d_3 \leq 0$

b) $d_1 + 2\,d_2 - 8\,d_3 \leq 0$

c) $d_1 = \frac{28}{3}$ m³/s $\quad d_2 = \frac{10}{3}$ m³/s $\quad d_{max} = \frac{44}{3}$ m³/s

B4 – *Pont de Wheatstone*

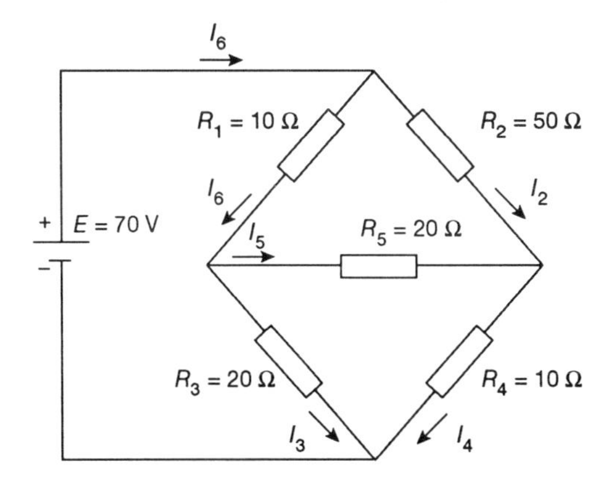

On considère le circuit électrique ci-dessus, dans lequel les 6 intensités des courants dans les 6 branches sont déterminées par les lois de Kirchoff (3 lois de nœuds et 3 lois de mailles) :

$$\begin{cases} I_6 = I_1 + I_2 \\ I_1 = I_3 + I_5 \\ I_4 = I_2 + I_5 \\ 10\,I_1 + 20\,I_3 = 70 \\ 50\,I_2 + 10\,I_4 = 70 \\ 10\,I_1 + 20\,I_5 - 50\,I_2 = 0 \end{cases}$$

a) Écrire de façon ordonnée le déterminant Δ de ce système d'équations, et le calculer.

b) Calculer l'intensité du courant I_5 en appliquant la règle de Cramer.

Réponses : a) $\Delta = 63$ $\qquad$ b) $I_5 = 1\ A$

B5 – *Système analogique*

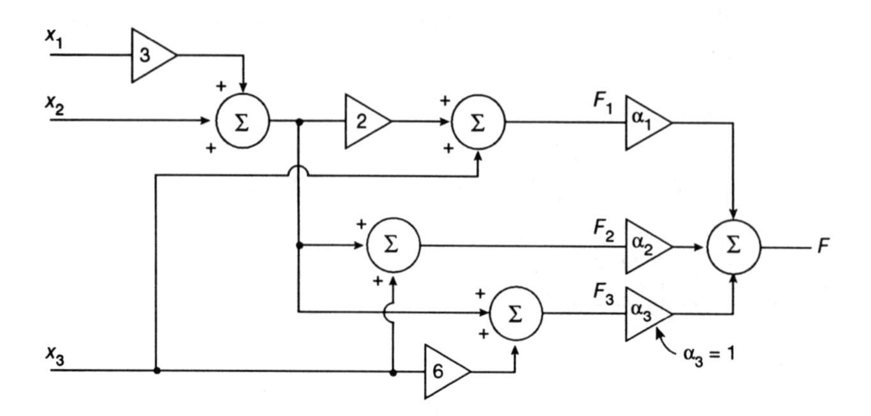

Un système de simulation analogique comprend des amplificateurs, symbole qui multiplient l'entrée par le gain G, et des sommateurs, symbole qui réalisent la somme algébrique des entrées (en respectant les signes).

On utilise un tel système pour étudier une fonction F de 3 variables x_1, x_2, x_3 avec les valeurs indiquées sur le schéma.

a) Écrire les expressions des fonctions réalisées en F_1, F_2, F_3.

b) Le gain α_3 étant réglé à la valeur $\alpha_3 = 1$, déterminer les gains α_1 et α_2 et les signes d'entrée sur le sommateur de F pour que $F = 0$ quelques soient les valeurs des variables x_1, x_2, x_3.

Réponses : a) $F_1 = 6\,x_1 + 2\,x_2 + x_3$

$F_2 = 3\,x_1 + x_2 + x_3$

$F_3 = 3\,x_1 + x_2 + 6\,x_3$

b) $\alpha_1 = 5$ $\alpha_2 = -11$ ($\alpha_2 = 11$, entrée négative)

Chapitre 7

Matrices, éléments de calcul matriciel

cours – résumé

Matrice

On appelle «matrice» un tableau rectangulaire de nombres appelés «éléments». Une matrice qui comporte n lignes et p colonnes est dite «de format $n \times p$», dans cet ordre :

$$\begin{pmatrix} a_{11} & a_{12} & \cdots & a_{1p} \\ a_{21} & a_{22} & \cdots & a_{2p} \\ \vdots & & \cdots & \\ a_{n1} & a_{n2} & \cdots & a_{np} \end{pmatrix}$$

Matrice transposée

La matrice «transposée» d'une matrice A de format $n \times p$ est la matrice, notée ${}^tA$, de format $p \times n$, que l'on obtient en permutant les lignes et les colonnes de la matrice A.

Notation matricielle d'une application linéaire

Une matrice constitue un outil commode pour l'étude des applications *linéaires.* Considérons par exemple une application qui, à 3 éléments x_1, x_2, x_3 fait correspondre 2 autres éléments y_1, y_2 définis par :

$$(1) \qquad \begin{cases} y_1 = a_{11}x_1 + a_{12}x_2 + a_{13}x_3 \\ y_2 = a_{21}x_1 + a_{22}x_2 + a_{23}x_3 \end{cases}$$

On dit que $A = \begin{pmatrix} a_{11} & a_{12} & a_{13} \\ a_{21} & a_{22} & a_{23} \end{pmatrix}$ est la matrice de cette application, et on écrit en abrégé les relations (1) sous la forme :

$Y = A \,.\, X$ en considérant

$$\begin{cases} Y = \begin{pmatrix} y_1 \\ y_2 \end{pmatrix} & \text{la « matrice-colonne » des éléments « images »} \\ X = \begin{pmatrix} x_1 \\ x_2 \\ x_3 \end{pmatrix} & \text{la « matrice-colonne » des éléments « origines »} \end{cases}$$

Somme ou différence de 2 matrices

On ne peut définir la somme (ou la différence) de 2 matrices que si elles ont *exactement* le même format : c'est alors la matrice de même format obtenue en faisant la somme (ou la différence) des éléments correspondant 2 à 2 de chacune des 2 matrices.

Produit ou quotient d'une matrice par un nombre

La matrice-produit d'une matrice A par un scalaire λ est la matrice de même format obtenue en multipliant *tous les éléments* de A par λ :

$$\lambda \begin{pmatrix} a_{11} & a_{12} & a_{13} \\ a_{21} & a_{22} & a_{23} \end{pmatrix} = \begin{pmatrix} \lambda a_{11} & \lambda a_{12} & \lambda a_{13} \\ \lambda a_{21} & \lambda a_{22} & \lambda a_{23} \end{pmatrix}$$

Même règle pour une matrice-quotient, en divisant tous les éléments par λ.

Produit de 2 matrices

Le produit de 2 matrices est une opération qui correspond à la *composition* de 2 applications linéaires, qui doivent toutefois satisfaire certaines conditions :

Une « matrice-produit », notée $A.B$ dans cet ordre, ne peut être définie que si le nombre de *colonnes de A* est égal au nombre de *lignes de B* : le produit d'une matrice de format $m \times n$ par une matrice de format $n \times p$ donnera une matrice de format $m \times p$.

Chaque élément de la matrice-produit, soit c_{ij}, est égal à la somme des produits 2 à 2 des éléments de la i^{ème} ligne de A par les éléments de la j^{ème} colonne de B :

$$\boxed{c_{ij} = a_{i1}\, b_{1j} + a_{i2}\, b_{2j} + \ldots + a_{in}\, b_{nj}}$$

On dit que la multiplication s'effectue « *lignes par colonnes* ».

Exemple : produit d'une matrice de format 2×3 par une matrice de format 3×2

$$\begin{pmatrix} a_{11} & a_{12} & a_{13} \\ a_{21} & a_{22} & a_{23} \end{pmatrix} . \begin{pmatrix} b_{11} & b_{12} \\ b_{21} & b_{22} \\ b_{31} & b_{32} \end{pmatrix}$$

$$= \begin{pmatrix} a_{11}b_{11} + a_{12}b_{21} + a_{13}b_{31} & a_{11}b_{12} + a_{12}b_{22} + a_{13}b_{32} \\ a_{21}b_{11} + a_{22}b_{21} + a_{23}b_{31} & a_{21}b_{12} + a_{22}b_{22} + a_{23}b_{32} \end{pmatrix}$$

Remarque : Le produit de 2 matrices n'est pas *commutatif*, en général $A . B \neq B . A$. Dans les cas particuliers où $A . B = B . A$, on dit que les matrices A et B commutent (ou sont « commutables »).

Produit d'une matrice par un vecteur

On peut multiplier une matrice par un « vecteur », en considérant que les composantes de ce vecteur forment une « matrice-colonne » ; le résultat de la multiplication définit les composantes d'un autre vecteur sous la forme d'une autre « matrice-colonne ».

Exemple : produit de la matrice $A = \begin{pmatrix} a_{11} & a_{12} \\ a_{21} & a_{22} \end{pmatrix}$ par le vecteur $\overrightarrow{V_1}$, défini dans la base $(\vec{u}, \vec{v})$ par $\overrightarrow{V_1} = x_1 \vec{u} + y_1 \vec{v}$:

$$\begin{pmatrix} a_{11} & a_{12} \\ a_{21} & a_{22} \end{pmatrix} . \begin{pmatrix} x_1 \\ y_1 \end{pmatrix} = \begin{pmatrix} a_{11}x_1 + a_{12}y_1 \\ a_{21}x_1 + a_{22}y_1 \end{pmatrix}$$

Cette opération définit le vecteur $\overrightarrow{V_2} = (a_{11}x_1 + a_{12}y_1)\vec{u} + (a_{21}x_1 + a_{22}y_1)\vec{v}$

On écrit en abrégé $\boxed{A . V_1 = V_2}$.

Matrices carrées

Une matrice ayant le même nombre de lignes et de colonnes est une matrice « *carrée* ». Ce nombre, n, est appelé l'« *ordre* » de la matrice (comme pour un déterminant).

On appelle «*matrice-diagonale*» une matrice carrée dont tous les éléments sont nuls, sauf ceux de la diagonale *principale* :

$$\begin{pmatrix} a_{11} & 0 & 0 & \cdots & 0 \\ 0 & a_{22} & & & 0 \\ 0 & 0 & a_{33} & & 0 \\ \vdots & & & & \vdots \\ 0 & 0 & 0 & \cdots & a_{nn} \end{pmatrix}$$

On appelle «*matrice-identité*», habituellement notée I, la matrice-diagonale dont tous les éléments de la diagonale principale sont égaux à 1.

Symbole de Kronecker : $I = (a_{ij})$ avec $a_{ii} = 1$ et $a_{i \neq j} = 0$

Le produit d'une matrice carrée A par la matrice identité de même ordre redonne la matrice A (opération «identité») :

$$A \,.\, I = I \,.\, A = A$$

Inversion d'une matrice carrée

On appelle matrice «*inverse*» d'une matrice A carrée d'ordre n la matrice notée A^{-1}, également carrée d'ordre n, telle que :

$$A \,.\, A^{-1} = A^{-1} .\, A = I$$

Considérons le *déterminant* constitué par les mêmes éléments que ceux de la matrice A, que l'on note habituellement $\det A$:

«La matrice inverse A^{-1} d'une matrice A n'existe que si $\det A \neq 0$».

Une matrice carrée est dite «*régulière*» si $\det A \neq 0$, et «*singulière*» si $\det A = 0$.

La détermination de la matrice inverse d'une matrice A repose sur le théorème suivant :

Théorème : Si A est une matrice régulière d'ordre n, elle admet une matrice inverse A^{-1} de même ordre n, qui est le quotient par la valeur de $\det A$ de la matrice transposée de la matrice des cofacteurs de A.

$$A^{-1} = \frac{1}{\det A} \,.\, {}^{t}(\operatorname{cof} A)$$

Pour déterminer A^{-1}, on procède pratiquement de la façon suivante :

a) On calcule d'abord det A et on vérifie qu'il n'est pas nul.

b) On détermine ensuite la matrice des cofacteurs de A, de la même façon que pour un déterminant ; en remplaçant chaque élément a_{ij} de A par son cofacteur C_{ij}.

c) On transpose alors la matrice cof A, en intervertissant ses lignes et ses colonnes.

d) On divise enfin tous les éléments de ${}^t(\text{cof } A)$ par le scalaire det A.

Remarque : la résolution d'un système de n équations à n inconnues revient à déterminer la matrice inverse de la matrice A des coefficients des inconnues.

En effet, un tel système représente une application linéaire qui fait correspondre aux valeurs des inconnues $(x_1, x_2, \ldots, x_n)$ les valeurs des coefficients des 2^{nds} membres $(b_1, b_2, \ldots, b_n)$, soit, en notation matricielle :

$$(A).\begin{pmatrix} x_1 \\ x_2 \\ \vdots \\ x_n \end{pmatrix} = \begin{pmatrix} b_1 \\ b_2 \\ \vdots \\ b_n \end{pmatrix}$$

Résoudre le système consiste à définir l'application inverse (ou réciproque) qui fait correspondre aux valeurs des coefficents de 2^{nds} nombres les valeurs des inconnues :

$$(A^{-1}).\begin{pmatrix} b_1 \\ b_2 \\ \vdots \\ b_n \end{pmatrix} = \begin{pmatrix} x_1 \\ x_2 \\ \vdots \\ x_n \end{pmatrix}$$

Valeurs propres d'une matrice carrée (vecteurs propres d'une application linéaire)

On appelle «*vecteur propre*» d'une application linéaire un vecteur tel que son image par l'application lui soit colinéaire (ou proportionnel).

En appelant A la matrice de l'application et λ le facteur de proportionnalité, un tel vecteur propre V sera défini par l'équation matricielle :

$$A \,.\, V = \lambda \,.\, V$$

soit, en faisant intervenir la matrice-identité I de même ordre que A :

$$(A - \lambda I) \,.\, V = 0$$

On appelle alors «*valeurs propres*» de la matrice A les racines de l'équation suivante, appelée «équation caractéristique» :

$$\det (A - \lambda I) = 0$$

Les vecteurs propres de l'application sont les vecteurs qui correspondent à ces valeurs propres de λ : ils constituent alors une nouvelle «*base*» de l'application, s'ils sont linéairement indépendants (une condition suffisante est que les n valeurs propres soient toutes distinctes). Lorsque la matrice A est symétrique, cette base de vecteurs propres est orthogonale (mais pas nécessairement orthonormée).

Diagonalisation d'une matrice carrée (changement de base d'une application)

La «diagonalisation» d'une matrice carrée A consiste à définir une matrice-diagonale D semblable à A, pour laquelle l'application aura une expression plus simple. Lorsque A est diagonalisable, les éléments de la diagonale principale de D sont les valeurs propres $\lambda_1, \lambda_2, \ldots, \lambda_n$ de la matrice A :

$$D = \begin{pmatrix} \lambda_1 & 0 & \cdots & 0 \\ 0 & \lambda_2 & & 0 \\ \vdots & & \ddots & \\ 0 & 0 & & \lambda_n \end{pmatrix}$$

La matrice de passage P de la base initiale à la base des vecteurs propres est formée par les composantes des vecteurs propres disposées en colonnes ; elle vérifie les relations matricielles :

$$D = P^{-1} . A . P \quad \text{et} \quad A = P . D . P^{-1}$$

Réduction d'une forme quadratique

On appelle «forme quadratique» de n variables une expression ne contenant que des termes de degré 2 par rapport à ces variables : soit par le carré d'une variable, soit par le produit d'une variable par une autre (termes dits «rectangles»).

Exemple pour 2 variables x et y :
$Q(x, y) = ax^2 + 2\,bxy + cy^2$, en notation matricielle $Q(x,y) = (x\ y)\begin{pmatrix} a & b \\ b & c \end{pmatrix}\begin{pmatrix} x \\ y \end{pmatrix}$

«Réduire» une forme quadratique consiste à définir un changement de base pour que, dans la nouvelle base, l'expression de la forme ne contienne plus de termes rectangles, soit :

$Q(X, Y) = \lambda_1 X^2 + \lambda_2 Y^2$, en notation matricielle $Q(X,Y) = (X\ Y)\begin{pmatrix} \lambda_1 & 0 \\ 0 & \lambda_2 \end{pmatrix}\begin{pmatrix} X \\ Y \end{pmatrix}$

On peut démontrer que les valeurs cherchées λ_1 et λ_2 sont les «valeurs propres» de la matrice $\begin{pmatrix} a & b \\ b & c \end{pmatrix}$, et que les « vecteurs propres » constituent la nouvelle base, orthonormée si ces vecteurs propres sont choisis « unitaires ».

Exercices

(☐ : *Les solutions développées sont données p. 149*)

Exercices théoriques

A1 – On considère les 2 matrices $A = \begin{pmatrix} 2 & -1 \\ 1 & 0 \\ -3 & 4 \end{pmatrix}$ et $B = \begin{pmatrix} 1 & -2 & -5 \\ 3 & 4 & 0 \end{pmatrix}$

a) Déterminer les matrices produits $A \,.\, B$ et $B \,.\, A$.

b) Écrire les matrices transposées ${}^tA$ et ${}^tB$. Vérifier que ${}^t(A \,.\, B) = {}^tB \,.\, {}^tA$

Conseil : Appliquer les règles de multiplication et de transposition des matrices.

A2 – On considère 2 applications linéaires de $\mathbb{R}^3$ dans $\mathbb{R}^3$ définies par :

$$\begin{cases} y_1 = x_1 + ax_2 + ax_3 \\ y_2 = ax_1 + ax_2 + x_3 \\ y_3 = ax_1 + x_2 + ax_3 \end{cases} \quad \text{et} \quad \begin{cases} x_1 = z_1 + z_2 + 2z_3 \\ x_2 = z_1 + z_2 + z_3 \\ x_3 = z_2 + z_3 \end{cases}$$

a) Écrire la matrice M_1 de passage du «vecteur» $(x_1\ x_2\ x_3)$ au «vecteur» $(y_1\ y_2\ y_3)$. Calculer le déterminant de M_1.

b) Écrire la matrice M_2 de passage du «vecteur» $(z_1\ z_2\ z_3)$ au «vecteur» $(y_1\ y_2\ y_3)$. Calculer le déterminant de M_2 et le comparer à celui de M_1.

Réponses :

a) $M_1 = \begin{pmatrix} 1 & a & a \\ a & a & 1 \\ a & 1 & a \end{pmatrix}$ $\quad$ $\det M_1 = -(a-1)^2(2a+1)$

b) $M_2 = \begin{pmatrix} 1+a & 1+2a & 2+2a \\ 2a & 1+2a & 1+3a \\ 1+a & 1+2a & 1+3a \end{pmatrix}$ $\quad$ $\det M_2 = -(a-1)^2(2a+1) = \det M_1$

A3 – Déterminer la forme générale d'une matrice B qui commute avec la matrice $A = \begin{pmatrix} 1 & 1 \\ 0 & 1 \end{pmatrix}$.

Réponse : $B = \begin{pmatrix} a & b \\ 0 & a \end{pmatrix}$

A4 – Soient les 2 matrices $A = \begin{pmatrix} 3 & 2 & 1 \\ 0 & 4 & 6 \end{pmatrix}$ et $B = \begin{pmatrix} 1 & 0 & 2 \\ 5 & 3 & 1 \\ 6 & 4 & 2 \end{pmatrix}$.

Déterminer les matrices-produits $A \,.\, B$ et $B \,.\, A$

Réponse : $A \,.\, B = \begin{pmatrix} 19 & 10 & 10 \\ 56 & 36 & 16 \end{pmatrix}$ $\qquad$ $B \,.\, A$ impossible

A5 – Démontrer que la matrice $M = \begin{pmatrix} 1 & 2 \\ 4 & -3 \end{pmatrix}$ est une «racine» de l'équation matricielle $M_2 + 2\,M - 11\,I = 0$, où I est la matrice-identité d'ordre 2.

Conseil : Appliquer les règles d'addition ou de soustraction de plusieurs matrices, et de multiplication d'une matrice par un scalaire.

A6 – Déterminer les matrices inverses des matrices suivantes :

a) $A = \begin{pmatrix} 3 & 2 \\ 7 & 6 \end{pmatrix}$ $\qquad$ b) $A = \begin{pmatrix} 2 & 1 & 2 \\ 1 & 2 & 3 \\ 3 & 1 & -2 \end{pmatrix}$ $\qquad$ c) $A = \begin{pmatrix} 1-a & 0 & 0 \\ 0 & 1-a & 0 \\ 0 & 0 & 1-a \\ 0 & 0 & 0 & 1 \end{pmatrix}$

Réponses :

a) $A^{-1} = \begin{pmatrix} \frac{3}{2} & -\frac{1}{2} \\ -\frac{7}{4} & \frac{3}{4} \end{pmatrix}$ $\qquad$ b) $A^{-1} = \begin{pmatrix} \frac{7}{13} & \frac{-4}{13} & \frac{1}{13} \\ -\frac{11}{13} & \frac{10}{13} & \frac{4}{13} \\ \frac{5}{13} & -\frac{1}{13} & -\frac{3}{13} \end{pmatrix}$

c) $A^{-1} = \begin{pmatrix} 1 & a & a^2 & a^3 \\ 0 & 1 & a & a^2 \\ 0 & 0 & 1 & a \\ 0 & 0 & 0 & 1 \end{pmatrix}$

A7 – Résoudre le système d'équations linéaires suivant par la méthode de la matrice inverse :

$$\begin{cases} y + z = 1 \\ 2\,x + y = 3 \\ 4x + y + 3z = 4 \end{cases}$$

Réponse : $x = \frac{7}{8}$ $\quad y = \frac{5}{4}$ $\quad z = -\frac{1}{4}$

A8 – On considère la matrice symétrique $A = \begin{pmatrix} 3 & -1 & 1 \\ -1 & 1 & -1 \\ 1 & -1 & 1 \end{pmatrix}$

a) Montrer que A est une matrice «singulière».

b) Calculer A^2, puis A^3.

c) Déterminer 2 nombres a et b tels que $A^3 = aA^2 + bA$

Réponses : a) $\det A = 0$

b) $A^2 = \begin{pmatrix} 11 & -5 & 5 \\ -5 & 3 & -3 \\ 5 & -3 & 3 \end{pmatrix}$ $A^3 = \begin{pmatrix} 43 & -21 & 21 \\ -21 & 11 & -11 \\ 21 & -11 & 11 \end{pmatrix}$

c) $a = 5$ $b = -4$

A9 – Déterminer les «valeurs propres» des matrices suivantes :

a) $A = \begin{pmatrix} 5 & -2 \\ 1 & 2 \end{pmatrix}$ b) $A = \begin{pmatrix} 2 & -2 & 3 \\ 1 & 1 & 1 \\ 1 & 3 & -1 \end{pmatrix}$

Réponses : a) $\lambda_1 = 3$ $\lambda_2 = 4$

b) $\lambda_1 = 1$ $\lambda_2 = -2$ $\lambda_3 = 3$

A10 – On considère l'application linéaire de $\mathbb{R}^3$ dans $\mathbb{R}^3$ qui, dans la base orthonormée $(\vec{i}, \vec{j}, \vec{k})$ fait correspondre au vecteur $\vec{V} = x\vec{i} + y\vec{j} + z\vec{k}$ le vecteur $\vec{U} = X\vec{i} + Y\vec{j} + Z\vec{k}$ défini par la relation matricielle :

$U = A \,.\, V$ avec $A = \begin{pmatrix} -4 & -6 & 0 \\ 3 & 5 & 0 \\ 3 & 6 & 5 \end{pmatrix}$, soit $\begin{cases} X = -4x - 6y \\ Y = 3x + 5y \\ Z = 3x + 6y + 5z \end{cases}$

a) Déterminer les vecteurs propres de cette application, $\vec{V_1}, \vec{V_2}, \vec{V_3}$.

b) Diagonaliser la matrice A : on définira la matrice diagonale D semblable à A et la matrice de passage P de la base $(\vec{i}, \vec{j}, \vec{k})$ à la base $(\vec{V_1}, \vec{V_2}, \vec{V_3})$.

c) Vérifier que $A = P \,.\, D \,.\, P^{-1}$ et $D = P^{-1} \,.\, A \,.\, P$

Réponses :

a) $\vec{V_1} = \alpha(-2\vec{i} + \vec{j})$ $\vec{V_2} = \beta(-\vec{i} + \vec{j} - \vec{k})$ $\vec{V_3} = \gamma\vec{k}$

b) $D = \begin{pmatrix} -1 & 0 & 0 \\ 0 & 2 & 0 \\ 0 & 0 & 5 \end{pmatrix}$ $P = \begin{pmatrix} -2 & -1 & 0 \\ 1 & 1 & 0 \\ 0 & -1 & 1 \end{pmatrix}$ $P^{-1} = \begin{pmatrix} -1 & -1 & 0 \\ 1 & 2 & 0 \\ 1 & 2 & 1 \end{pmatrix}$

A11 – On considère, dans la base orthonormée de $\mathbb{R}^2$ $(\vec{i}, \vec{j})$, la forme quadratique $Q(\vec{V})$ définie, quelque soit $\vec{V} = x\vec{i} + y\vec{j}$, par :

$$Q(\vec{V}) = x^2 - \sqrt{3}\, xy + 2y^2$$

a) Écrire $Q(\vec{V})$ en notation matricielle, faisant intervenir une matrice A *symétrique*.

b) Déterminer les valeurs propres et les vecteurs propres de A.

c) En déduire une nouvelle base *orthonormée* de $\mathbb{R}^2$ $(\vec{I}, \vec{J})$ dans laquelle la forme quadratique sera «réduite» à une somme de 2 carrés que l'on déterminera.

Réponses :

a) $Q(\vec{V}) = (x\ y)\begin{pmatrix} 1 & -\dfrac{\sqrt{3}}{2} \\ -\dfrac{\sqrt{3}}{2} & 2 \end{pmatrix}\begin{pmatrix} x \\ y \end{pmatrix}$

b) $\lambda_1 = \frac{1}{2}$ $\lambda_2 = \frac{5}{2}$ $\vec{V_1} = \alpha(\sqrt{3}\,\vec{i} + \vec{j})$ $\vec{V_2} = \beta(-\vec{i} + \sqrt{3}\,\vec{j})$

c) $\begin{cases} \vec{I} = \dfrac{\sqrt{3}}{2}\vec{i} + \dfrac{1}{2}\vec{j} \\ \vec{J} = -\dfrac{1}{2}\vec{i} + \dfrac{\sqrt{3}}{2}\vec{j} \end{cases}$ $Q(\vec{V}) = \dfrac{X^2}{2} + \dfrac{5Y^2}{2}$ avec $\vec{V} = X\vec{I} + Y\vec{J}$

Exercices pratiques

B1 – *Réseau de transport d'énergie électrique*

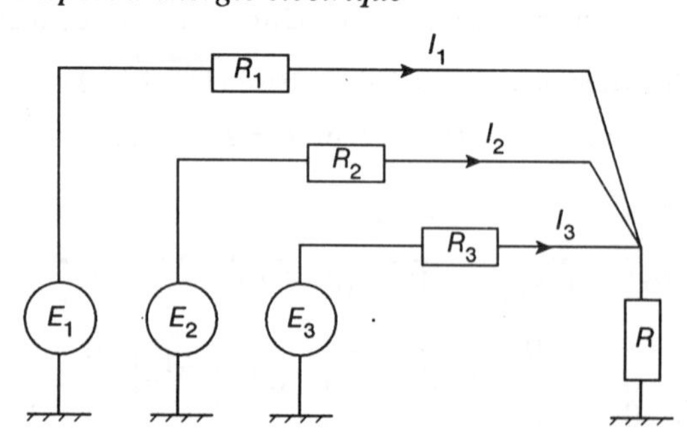

Trois centrales hydroélectriques, modélisées par trois f.e.m E_1, E_2, E_3, alimentent une ville, modélisée par une résistance R, qui leur est reliée par trois lignes de transport, modélisées par trois résistances R_1, R_2, R_3. L'équilibre du réseau est réalisé lorsque les équations suivantes sont satisfaites :

$$E_1 - R_1 I_1 = E_2 - R_2 I_2 = E_3 - R_3 I_3 = R\,(I_1 + I_2 + I_3)$$

a) Écrire sous forme matricielle le «vecteur» des f.e.m en fonction du «vecteur» des intensités.

b) Écrire sous forme matricielle le «vecteur» des intensités en fonction du «vecteur» des f.e.m (on calculera la matrice inverse).

Réponses :

a) $$\begin{pmatrix} E_1 \\ E_2 \\ E_3 \end{pmatrix} = \begin{pmatrix} R+R_1 & R & R \\ R & R+R_2 & R \\ R & R & R+R_3 \end{pmatrix} . \begin{pmatrix} I_1 \\ I_2 \\ I_3 \end{pmatrix}$$

b) $$\begin{pmatrix} I_1 \\ I_2 \\ I_3 \end{pmatrix} = \frac{R}{\Delta} \begin{pmatrix} R_2+R_3+\dfrac{R_2R_3}{R} & -R_3 & -R_2 \\ -R_3 & R_3+R_1+\dfrac{R_3R_1}{R} & -R_1 \\ -R_2 & -R_1 & R_1+R_2+\dfrac{R_1R_2}{R} \end{pmatrix} . \begin{pmatrix} E_1 \\ E_2 \\ E_3 \end{pmatrix}$$

avec $\Delta = R_1 R_2 R_3 + R\,(R_1 R_2 + R_2 R_3 + R_3 R_1)$

B2 – *Matrice d'inertie d'un solide*

La «matrice d'inertie» d'un solide, dans un repère orthonormé $(O, \vec{i}, \vec{j}, \vec{k})$ de l'espace, est une matrice carrée symétrique d'ordre 3 définie de la façon suivante :

$$M = \begin{pmatrix} A & -F & -E \\ -F & B & -D \\ -E & -D & C \end{pmatrix}$$

A, B, C : «moments d'inertie» du solide par rapport aux axes $\overrightarrow{Ox}, \overrightarrow{Oy}, \overrightarrow{Oz}$

D, E, F : «produits d'inertie» du solide par rapport aux plans $(\overrightarrow{Oy}, \overrightarrow{Oz}), (\overrightarrow{Oz}, \overrightarrow{Ox}), (\overrightarrow{Ox}, \overrightarrow{Oy})$.

On considère un solide pour lequel la matrice d'inertie est :

$$M = \begin{pmatrix} 3 & 0 & 0 \\ 0 & \frac{3}{2} & -\frac{1}{2} \\ 0 & -\frac{1}{2} & \frac{3}{2} \end{pmatrix}$$

a) Déterminer les moments *principaux* d'inertie A_1, B_1, C_1 (valeurs «propres» de la matrice M).

b) Déterminer les axes *principaux* d'inertie $\overrightarrow{i_1}, \overrightarrow{j_1}, \overrightarrow{k_1}$ (vecteurs «propres» de la matrice M, rendus «unitaires»).

Réponses : a) $A_1 = 3 \quad B_1 = 1 \quad C_1 = 2$

b) $\overrightarrow{i_1} = \vec{i} \qquad \overrightarrow{j_1} = \frac{1}{\sqrt{2}}(\vec{j} + \vec{k}) \qquad \overrightarrow{k_1} = \frac{1}{\sqrt{2}}(-\vec{j} + \vec{k})$

B3 – *Axes principaux d'une orbite céleste*

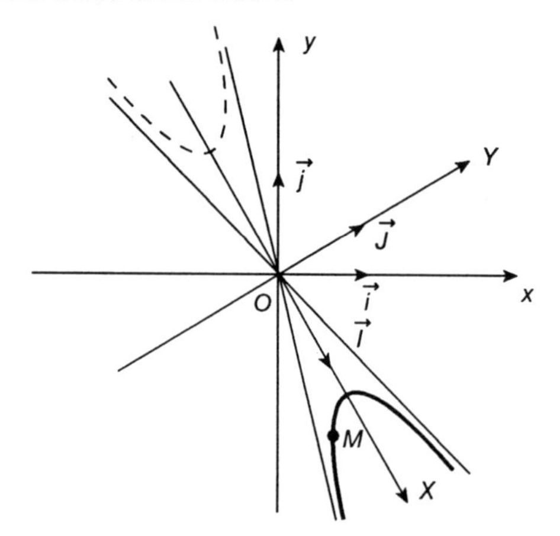

Un corps céleste M a pour coordonnées orthogonales x et y dans un repère orthonormé $(O, \vec{i}, \vec{j})$:

$$\overrightarrow{OM} = x\vec{i} + y\vec{j}$$

Il décrit une trajectoire définie par l'équation : $3x^2 + 10xy + 3y^2 + 8 = 0$

a) Réduire la forme quadratique qui intervient dans cette équation. Déterminer les valeurs propres et les vecteurs propres de la matrice associée à cette forme.

b) Définir le repère orthonormé $(O, \vec{I}, \vec{J})$ des axes principaux de l'orbite et écrire l'équation entre les nouvelles coordonnées orthogonales X et Y de M dans ce repère.

Réponses : a) $\lambda_1 = -2 \qquad \lambda_2 = 8 \qquad \overrightarrow{V_1} = \alpha(\vec{i} - \vec{j}) \quad \overrightarrow{V_2} = \beta(\vec{i} - \vec{j})$

b) $\begin{cases} \vec{I} = \frac{1}{\sqrt{2}}(\vec{i} - \vec{j}) \\ \vec{J} = \frac{1}{\sqrt{2}}(\vec{i} + \vec{j}) \end{cases} \qquad \overrightarrow{OM} = X\vec{I} + Y\vec{J} \qquad \frac{X^2}{4} - Y^2 = 1$

B4 – *Matrice des angles d'Euler (dynamique du solide)*

On définit un repère orthonormé de l'espace, d'axes $\left(\overrightarrow{OX}, \overrightarrow{OY}, \overrightarrow{OZ}\right)$, en effectuant 3 rotations successives à partir d'un repère orthonormé initial, d'axes $\left(\overrightarrow{Ox}, \overrightarrow{Oy}, \overrightarrow{Oz}\right)$:

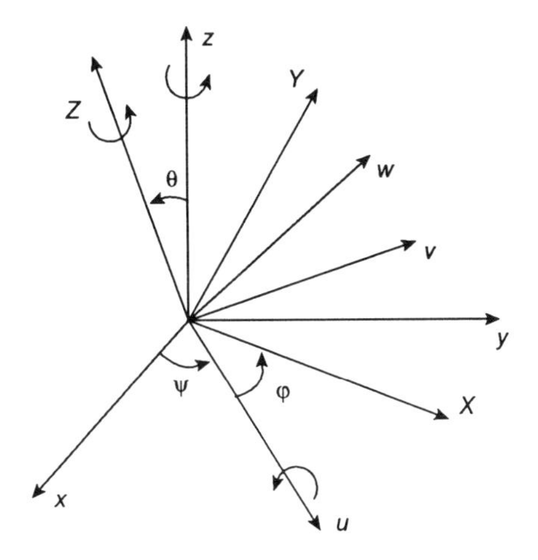

1re rotation : d'un angle ψ, dit de «*précession*», autour de $\overrightarrow{Oz}$:
$(x, y, z) \rightarrow (u, v, z)$

2e rotation : d'un angle θ, dit de «*nutation*», autour de $\overrightarrow{Ou}$:
$(u, v, z) \rightarrow (u, w, Z)$

3e rotation : d'un angle φ, dit de «*rotation propre*», autour de $\overrightarrow{OZ}$:
$(u, w, Z) \rightarrow (X, Y, Z)$

Écrire, en supposant que l'angle ψ de précession soit nul, la matrice de passage des coordonnées orthogonales d'un point M dans le repère initial $\left(\overrightarrow{Ox}, \overrightarrow{Oy}, \overrightarrow{Oz}\right)$ aux coordonnées orthogonales de ce point dans le repère $\left(\overrightarrow{OX}, \overrightarrow{OY}, \overrightarrow{OZ}\right)$.

Réponse :

$$\begin{pmatrix} X \\ Y \\ Z \end{pmatrix} = \begin{pmatrix} \cos\varphi & \sin\varphi\cos\theta & \sin\theta\sin\varphi \\ -\sin\varphi & \cos\varphi\cos\theta & \sin\theta\cos\varphi \\ 0 & -\sin\theta & \cos\theta \end{pmatrix} \cdot \begin{pmatrix} x \\ y \\ z \end{pmatrix}$$

B5 – *Contraintes dans un matériau*

L'état des contraintes dans un petit élément M de matériau soumis à certaines sollicitations est défini, dans un repère orthonormé du plan $(\vec{i},\vec{j})$, par $\vec{\sigma} = \sigma_x \vec{i} + \sigma_y \vec{j}$, où σ_x et σ_y dépendent de la direction $\vec{n}$, d'angle θ par rapport à $\vec{i}$, dans laquelle on évalue la contrainte :

En rotation matricielle $\begin{pmatrix} \sigma_x \\ \sigma_y \end{pmatrix} = \begin{pmatrix} 2 & \frac{\sqrt{2}}{2} \\ \frac{\sqrt{2}}{2} & -1 \end{pmatrix} \begin{pmatrix} \cos\theta \\ \sin\theta \end{pmatrix}$

a) Déterminer les *contraintes principales* σ_{I} et σ_{II} (valeurs «propres» de la matrice des contraintes).

b) Déterminer les *directions principales* des contraintes (vecteurs «propres» $\overrightarrow{V_{\mathrm{I}}}$ et $\overrightarrow{V_{\mathrm{II}}}$ de la matrice des contraintes). Vérifier que $\overrightarrow{V_{\mathrm{I}}}$ et $\overrightarrow{V_{\mathrm{II}}}$ sont orthogonaux et calculer l'angle θ_0 entre la direction principale $\overrightarrow{V_{\mathrm{I}}}$ et $\vec{i}$.

Réponses :

a) $\sigma_{\mathrm{I}} = \dfrac{1+\sqrt{11}}{2} \qquad \sigma_{\mathrm{II}} = \dfrac{1-\sqrt{11}}{2}$

b) $\begin{cases} \overrightarrow{V_{\mathrm{I}}} = \left(3+\sqrt{11}\right)\vec{i} + \sqrt{2}\,\vec{j} \\ \overrightarrow{V_{\mathrm{II}}} = \sqrt{2}\,\vec{i} - \left(3+\sqrt{11}\right)\vec{j} \end{cases}$

$\overrightarrow{V_{\mathrm{I}}} \cdot \overrightarrow{V_{\mathrm{II}}} = 0 \qquad \tan\theta_0 = \dfrac{\sqrt{2}}{3+\sqrt{11}} \qquad \theta_0 = 12{,}6°$

Chapitre 8

Courbes en coordonnées paramétriques

cours – résumé

Fonction vectorielle d'une variable réelle

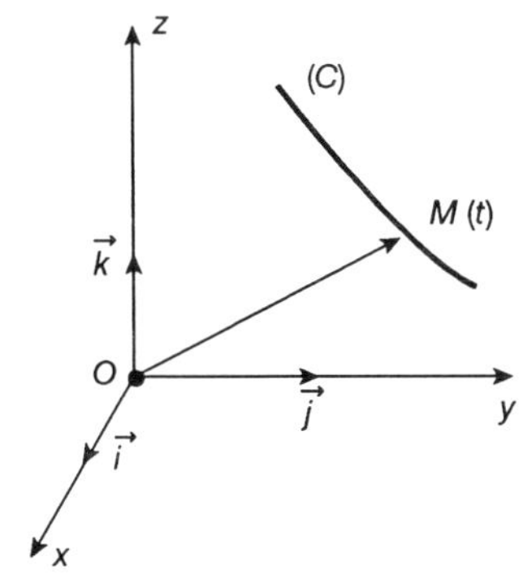

Une fonction «vectorielle» d'une variable t de $\mathbb{R}$ est une application qui fait correspondre à toute valeur de t un vecteur $\overrightarrow{V(t)}$ de $\mathbb{R}_3$ (ou de $\mathbb{R}_2$, ou de $\mathbb{R}$).

Dans un repère de l'espace, ce vecteur sera défini par la donnée de ses trois «composantes» $x(t)$, $y(t)$ et $z(t)$:

$$\overrightarrow{V(t)} = x(t)\,\vec{i} + y(t)\,\vec{j} + z(t)\,\vec{k}$$

Si l'on considère, dans un repère d'origine O, le point M défini par $\overrightarrow{OM}(t) = \overrightarrow{V(t)}$ pour chaque valeur de t, ce point décrira, lorsque t varie dans un certain intervalle, une courbe (C) définie en «*coordonnées paramétriques de t*» :

$$(\mathrm{C}) \quad \begin{cases} x = x(t) \\ y = y(t) \\ z = z(t) \end{cases}$$

Vecteur dérivé

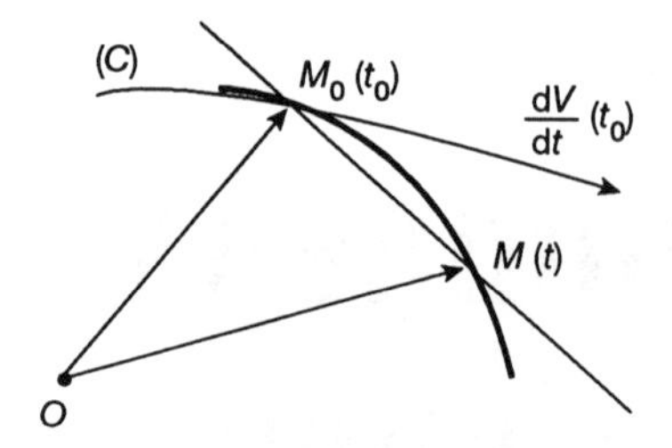

La dérivée du vecteur $\overrightarrow{V(t)}$, pour la valeur t_0 de la variable, est définie comme la limite, si elle existe, du vecteur $\dfrac{\overrightarrow{V(t)} - \overrightarrow{V(t_0)}}{t - t_0}$ lorsque $t \to t_0$.

Pour que cette dérivée «vectorielle» existe, il faut et il suffit que chacune des 3 composantes de $\overrightarrow{V(t)}$ admette une dérivée pour la valeur t_0, on a alors :

$$\frac{\overrightarrow{dV}}{dt}(t_0) = \frac{dx}{dt}(t_0).\vec{i} + \frac{dy}{dt}(t_0).\vec{j} + \frac{dz}{dt}(t_0).\vec{k}$$

Interprétation géométrique :

Si l'on considère les points M_0 et M définis par $\overrightarrow{OM_0} = \overrightarrow{V(t_0)}$ et $\overrightarrow{OM} = \overrightarrow{V(t)}$, on voit que le vecteur $\overrightarrow{M_0M} = \overrightarrow{OM} - \overrightarrow{OM_0}$ a la même direction que la droite M_0M. Lorsque $t \to t_0$, le point M tend vers le point M_0 et la droite M_0M tend vers la tangente en M_0 à la courbe (C). Ainsi, si le vecteur dérivé $\dfrac{\overrightarrow{dV}}{dt}(t_0)$ n'est pas nul, il a la même direction que la tangente en M_0 à la courbe (C).

Calcul des dérivées vectorielles

Les dérivées de vecteurs définis par des fonctions «vectorielles» *d'une même variable t* se calculent en utilisant les mêmes règles de dérivation que pour les fonctions «numériques». En particulier, pour les dérivées d'un produit scalaire ou d'un produit vectoriel de 2 vecteurs, on aura :

$$\left(\overrightarrow{V_1(t)} \cdot \overrightarrow{V_2(t)}\right)' = \overrightarrow{V_1(t)} \cdot \overrightarrow{V'_2(t)} + \overrightarrow{V'_1(t)} \cdot \overrightarrow{V_2(t)}$$

$$\left(\overrightarrow{V_1(t)} \wedge \overrightarrow{V_2(t)}\right)' = \overrightarrow{V_1(t)} \wedge \overrightarrow{V'_2(t)} + \overrightarrow{V'_1(t)} \wedge \overrightarrow{V_2(t)}$$

Étude d'une courbe plane définie paramétriquement

Dans un repère orthonormé du plan $(O, \vec{i}, \vec{j})$, une courbe (C) est définie en coordonnées paramétriques par *deux fonctions numériques* $x(t)$ et $y(t)$, correspondant respectivement à l'abscisse et à l'ordonnée du point $M(t)$ de (C) :

$$(C)\begin{cases} x = x(t) \\ y = y(t) \end{cases}$$

L'étude de telles courbes se fait en étudiant *simultanément* les variations de $x(t)$ et $y(t)$ dans le domaine de définition D_f.

On peut réduire le domaine d'étude par des considérations sur la périodicité, sur la parité et sur les symétries des 2 fonctions $x(t)$ et $y(t)$.

Périodicité : Si $x(t)$ et $y(t)$ ont une période *commune* T, le point $M(t + T)$ coïncidera avec le point $M(t)$, et le domaine d'étude sera réduit à un intervalle d'amplitude T.

Parité ou imparité

Si $x(t)$ et $y(t)$ sont paires, le point $M(-t)$ coïncidera avec le point $M(t)$, et le domaine d'étude sera réduit à $t \geq 0$ (ou $t \leq 0$).

Si $x(t)$ est paire et $y(t)$ impaire, le point $M(-t)$ sera symétrique du point $M(t)$ par rapport à l'axe $\overrightarrow{Ox}$: la courbe (C) admettra l'axe $\overrightarrow{Ox}$ comme axe de symétrie.

Si $x(t)$ est impaire et $y(t)$ paire, le point $M(-t)$ sera symétrique du point $M(t)$ par rapport à l'axe $\overrightarrow{Oy}$: la courbe (C) admettra l'axe $\overrightarrow{Oy}$ comme axe de symétrie.

Si $x(t)$ et $y(t)$ sont impaires, le point $M(-t)$ sera symétrique du point $M(t)$ par rapport à l'origine : la courbe (C) admettra le point O comme centre de symétrie.

Variations

Les déplacements du point M sur la courbe (C), graduée en valeurs de t, se déduisent des variations conjointes de $x(t)$ et $y(t)$ dans chaque intervalle, elles-mêmes déduites des signes des dérivées $x'(t)$ et $y'(t)$.

Tangente en un point

La direction de la tangente à (C) en un point $M\ (t)$ est la même que celle du vecteur-dérivé $\overrightarrow{V'(t)} = x'(t)\ \vec{i} + y'(t)\ \vec{j}$ Elle forme avec l'axe $\overrightarrow{Ox}$ un angle α défini par :

$$\boxed{\tan\alpha = \frac{y'(t)}{x'(t)}}$$

Points de rebroussement, points d'inflexion

La courbe (C) peut présenter des points singuliers :

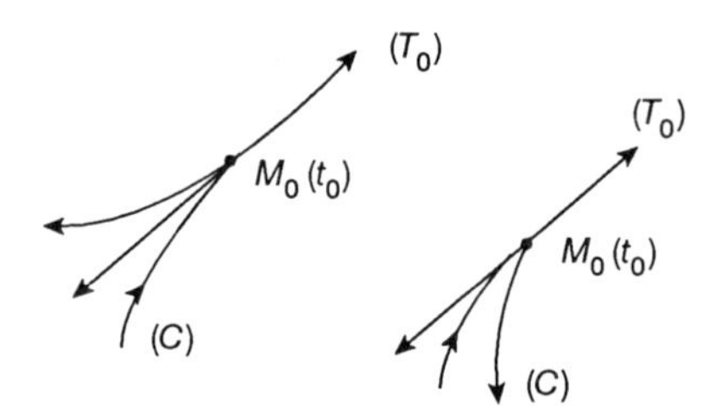

– les « points de rebroussement », de 1re ou 2e espèce selon que (C) traverse ou non sa tangente, qui sont caractérisés par la relation vectorielle $\overrightarrow{V'(t)} = \vec{0}$, c'est-à-dire par les 2 relations scalaires $\begin{cases} x'(t) = 0 \\ y'(t) = 0 \end{cases}$

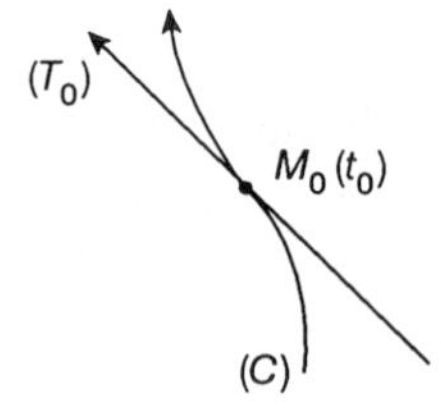

– les «points d'inflexion», où la courbe (C) traverse sa tangente, qui sont en général caractérisés par la relation vectorielle $\overrightarrow{V'(t)} \wedge \overrightarrow{V''(t)} = \vec{0}$, c'est-à-dire par la relation scalaire :

$$x'(t)\, y''(t) - x''(t)\, y'(t) = 0$$

Points doubles

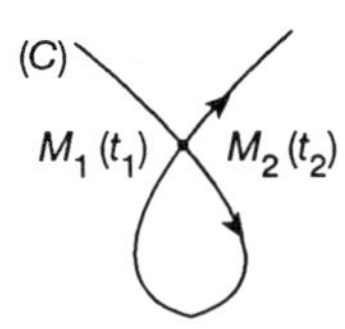

Un point double peut se présenter sur la courbe (C) lorsqu'il existe deux valeurs distinctes de t, t_1 et t_2, telles que $M_1\ (t_1)$ et $M_2\ (t_2)$ soient confondus. Ces valeurs sont définies par les 2 relations :

$$\begin{cases} x\ (t_1) = x\ (t_2) \\ y\ (t_1) = y\ (t_2) \end{cases}$$

Branches infinies

Une branche infinie peut se présenter pour une valeur t_0 de t (finie ou infinie) telle que l'une au moins des 2 fonctions $x\ (t)$ et $y\ (t)$ tende vers l'infini lorsque $t \to t_0$.

1er cas : $\lim\limits_{t \to t_0} x(t) = \infty$ et $\lim\limits_{t \to t_0} y(t) = y_0$: asymptote horizontale $y = y_0$

2e cas : $\lim\limits_{t \to t_0} x(t) = x_0$ et $\lim\limits_{t \to t_0} y(t) = \infty$: asymptote verticale $x = x_0$

3[e] cas : $\lim\limits_{t \to t_0} x(t) = \infty$ et $\lim\limits_{t \to t_0} y(t) = \infty$

a) Si $\lim\limits_{t \to t_0} \dfrac{y(t)}{x(t)} = \infty$: branche parabolique dans la direction $\overrightarrow{Oy}$

b) Si $\lim\limits_{t \to t_0} \dfrac{y(t)}{x(t)} = 0$: branche parabolique dans la direction $\overrightarrow{Ox}$

c) Si $\lim\limits_{t \to t_0} \dfrac{y(t)}{x(t)} = a$:

– Si $\lim\limits_{t \to t_0} [y(t) - ax(t)] = b$ (inclus $b = 0$) : asymptote d'équation $y = ax + b$

– Si $\lim [y(t) - ax(t)] = \infty$: branche parabolique dans la direction de pente a

Cinématique du point

Les fonctions vectorielles d'une variable réelle,

$\overrightarrow{OM(t)} = x(t)\,\vec{i} + y(t)\,\vec{j} + z(t)\,\vec{k}$ interviennent fréquemment dans l'étude des mouvements d'un point matériel M soumis à des forces extérieures :

la variable t est alors le «*temps*».

La courbe (C) décrite par le point M de coordonnées paramétriques du temps $x(t)$, $y(t)$, $z(t)$ est la «*trajectoire*».

Le vecteur-dérivé $\dfrac{\mathrm{d}\overrightarrow{OM}}{\mathrm{d}t} = \dfrac{\mathrm{d}x}{\mathrm{d}t}(t)\,\vec{i} + \dfrac{\mathrm{d}y}{\mathrm{d}t}(t).\vec{j} + \dfrac{\mathrm{d}z}{\mathrm{d}t}(t).\vec{k}$ est le «*vecteur vitesse*».

Le lieu de l'extrémité A du vecteur d'origine O tel que $\overrightarrow{OA} = \dfrac{\mathrm{d}\overrightarrow{OM}}{\mathrm{d}t}$ est l'«*hodographe*».

Une étude cinématique est généralement effectuée par intégration d'une équation différentielle, à partir de la loi fondamentale de la Mécanique :

$\vec{F} = M.\dfrac{\mathrm{d}^2\overrightarrow{OM}}{\mathrm{d}t^2}$, où :

$\vec{F}$ = somme des forces extérieures

M = masse du point matériel

$\dfrac{\mathrm{d}^2\overrightarrow{OM}}{\mathrm{d}t^2}$ = vecteur «*accélération*» du point M (vecteur dérivé second)

Exercices

(☐ : *Les solutions développées sont données p. 157*)

Exercices théoriques

A1 – Étudier et tracer la courbe représentative (C) du lieu du point M défini en coordonnées paramétriques de t par :

$$(C)\quad \begin{cases} x = t\,(t^2 - 3) \\ y = t^2\,(t^2 - 4) \end{cases} \qquad \text{pour } -\infty < t < +\infty$$

On précisera les symétries, les points situés sur les axes, les branches infinies et les points doubles.

Conseil : Remplir avec soin le tableau des variations de $x(t)$ et $y(t)$.

A2 – Un cercle de centre A et de rayon R, initialement tangent en O à $\overrightarrow{Ox}$, roule sans glisser sur l'axe $\overrightarrow{Ox}$. On appelle φ l'angle dont tourne le cercle et M la position correspondante du point du cercle qui était initialement en coïncidence avec O.

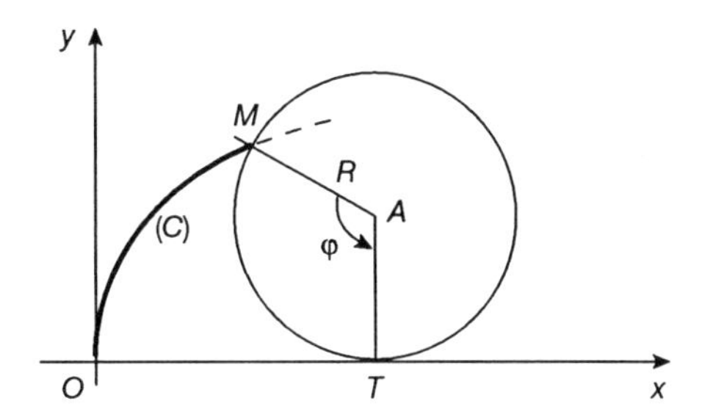

a) En utilisant la condition de roulement sans glissement (mesure de la distance $\overline{OT}$ sur $\overrightarrow{Ox}$ égale à la mesure de l'arc $\widehat{MT}$ sur le cercle), déterminer les coordonnées paramétriques du point M en fonction de l'angle φ.

b) Étudier et tracer la courbe (C) décrite par le point M lorsque l'angle φ varie de O à 2π.

Réponses : a) $\begin{cases} x = R\,(\varphi - \sin\varphi) \\ y = R\,(1 - \cos\varphi) \end{cases}$ b) une arche de «cycloïde»

A3 – Étudier et tracer la courbe représentative (C) du lieu du point M défini en coordonnées paramétriques de φ par :

$$(C)\ \begin{cases} x = 3\cos\varphi - \cos^3\varphi \quad \varphi \in \mathbb{R} \\ y = \sin^3\varphi \end{cases}$$

On précisera la périodicité, les symétries, le domaine d'étude, les points sur les axes et la pente de la tangente en ces points.

Conseil : Réduire autant que possible le domaine d'étude.

A4 – Écrire les coordonnées paramétriques en fonction du temps t d'un point mobile M toujours situé à la distance R de l'axe $\overrightarrow{Oz}$, initialement situé en $A\,(R, O, O)$, animé d'un mouvement de rotation uniforme de vitesse angulaire constante $\omega_0 = \dfrac{\mathrm{d}\theta}{\mathrm{d}t}$ autour de $\overrightarrow{Oz}$ et d'un mouvement de translation uniforme le long de $\overrightarrow{Oz}$ de vitesse linéaire constante $v_0 = \dfrac{\mathrm{d}z}{\mathrm{d}t}$.

En déduire la distance verticale parcourue par le point M lorsqu'il effectue un tour autour de $\overrightarrow{Oz}$ en fonction de ω_0 et v_0 («pas» d'une «hélice circulaire»).

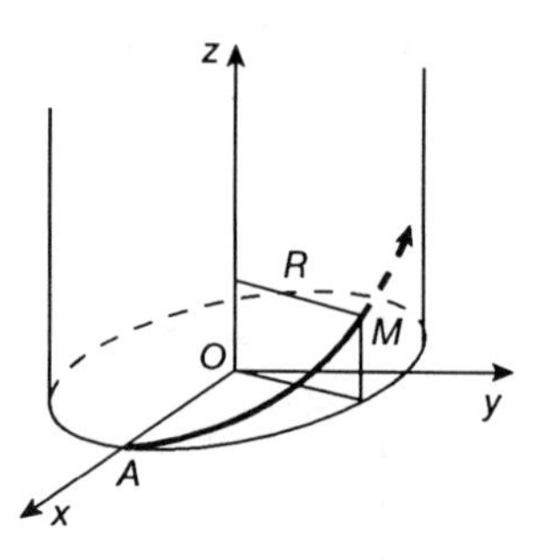

Réponse : $\begin{cases} x = R \cos \omega_0 t \\ y = R \sin \omega_0 t \\ z = v_0 t \end{cases}$ $\qquad p = \dfrac{2\pi v_0}{\omega_0}$

A5 – Étudier et tracer la courbe définie en coordonnées paramétriques de t par :

$$(C) \quad \begin{cases} x(t) = a \cos t \\ y(t) = a \sin t \cos t \end{cases}$$

Calculer l'aire $\mathcal{A}$ de la surface intérieure à (C) en utilisant la formule :

$$\mathcal{A} = \frac{1}{2} \int_{(C)} \left(x \frac{dy}{dt} - y \frac{dx}{dt} \right) dt$$

Réponse : $\mathcal{A} = \dfrac{4a^2}{3}$

A6 – Étudier et tracer la courbe définie en coordonnées paramétriques de t par :

$$(C) \quad \begin{cases} x(t) = a \cos^3 t \\ y(t) = a \sin^3 t \end{cases} \qquad 0 \leq t \leq 2\pi$$

Calculer la longueur totale l_t de (C). On admettra la formule générale :

$$l = \int_{t_1}^{t_2} \sqrt{\left(\frac{dx}{dt}\right)^2 + \left(\frac{dy}{dt}\right)^2} \, dt \qquad \text{(voir chap. 1)}$$

Réponse : hypocycloïde à 4 points de rebroussement («astroïde»). $l_t = 6a$

A7 – On considère la courbe définie en coordonnées paramétriques de t par :

$$(C)\quad \begin{cases} x = a\cos t \\ y = 2a + b\sin t \end{cases} \qquad 0 \le \varphi \le 2\pi \qquad b < a$$

Calculer le volume de révolution V engendré par la rotation autour de $\overrightarrow{Ox}$ de la surface totale intérieure à (C).

Réponse : $V = 2\,\pi^2\,a^2\,b$

Exercices pratiques

B1 – *Distance de freinage d'une automobile*

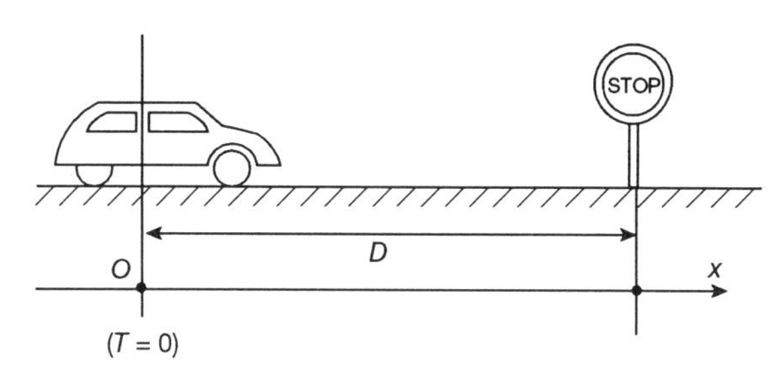

Un automobiliste circulant à la vitesse v_0 (m/s) provoque par freinage, à l'instant $t = 0$, une décélération constante $-\delta_0$ (m/s^2) de son véhicule.

a) Écrire les équations définissant l'évolution de la vitesse v (m/s) et de la distance parcourue x (m) en fonction du temps.

b) Calculer la distance parcourue D (m) et le temps nécessaire T (s) pour arrêter complètement le véhicule.

c) Faire une application numérique avec $v_0 = 120$ km/h et $\delta_0 = 20$ m/s^2.

Réponses : a) $v = -\,\delta_0 t + v_0 \qquad x = -\dfrac{\delta_0}{2}t^2 + v_0 t$

b) $D = \dfrac{v_0^2}{2\,\delta_0} \qquad T = \dfrac{v_0}{\delta_0} \qquad$ c) $D \approx 27{,}7$ m $\qquad t \approx 1{,}66$ s

B2 – *Phénomènes périodiques (courbes de Lissajous)*

On visualise sur un oscilloscope bi-trace les deux phénomènes périodiques $x\,(t)$ et $y\,(t)$ d'amplitude et de fréquence différentes suivants :

$$\begin{cases} x\,(t) = 2\sin 2\,t \\ y\,(t) = \sin 3\,t \end{cases}$$

Étudier et représenter graphiquement la courbe qui sera décrite sur l'écran de l'oscilloscope par le « spot » $M\,(t)$ de coordonnées paramétriques $x\,(t)$, $y\,(t)$.

Conseil : Réduire autant que possible le domaine d'étude.

B3 – *Roulement sans glissement (Roulements à rouleaux)*

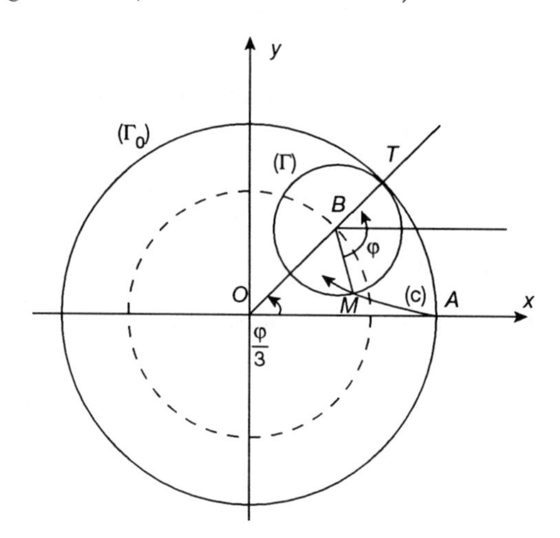

On considère un cercle fixe (Γ_0), de centre O et de rayon $3R$, et un cercle mobile (Γ), de centre B et de rayon R qui roule sans glisser sur le cercle (Γ) en lui étant initialement tangent au point A (intérieurement). On appelle φ l'angle dont tourne (Γ) et M la position correspondante du point de (Γ) qui était initialement en coïncidence avec A.

a) En utilisant la condition de roulement sans glissement [arc $\overset{\frown}{MT}$ du cercle (Γ) égal à l'arc du cercle (Γ_0)], déterminer les coordonnées paramétriques du point M en fonction de l'angle φ.

b) Étudier et tracer la courbe (C) décrite par le point M lorsque l'angle φ varie.

Conseil : Projeter sur les axes la relation vectorielle $\overrightarrow{OM} = \overrightarrow{OB} + \overrightarrow{BM}$.

Réponses : a) $\begin{cases} x = R\left(2\cos\dfrac{\varphi}{3} + \cos\dfrac{2\varphi}{3}\right) \\ y = R\left(2\sin\dfrac{\varphi}{3} + \sin\dfrac{2\varphi}{3}\right) \end{cases}$

b) Hypocycloïde à 3 points de rebroussement

B4 – *Trajectoire et portée d'un projectile*

Dans le repère $(O, \vec{i}, \vec{j})$ d'un plan vertical, on lance un projectile de masse m du point O avec un vecteur-vitesse initial :

$$\overrightarrow{V_0} = V_0 \cos\alpha . \vec{i} + V_0 \sin\alpha . \vec{j}$$

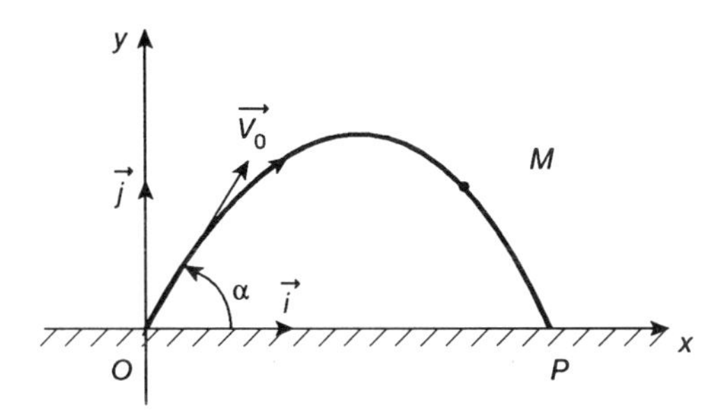

a) Déterminer les coordonnées paramétriques $x\ (t)$ et $y\ (t)$ d'un point M de sa trajectoire en fonction du temps.

b) En éliminant t entre $x\ (t)$ et $y\ (t)$, établir l'équation cartésienne de sa trajectoire.

c) Déterminer la valeur de l'angle de tir α pour laquelle la portée $\overline{OP}$ du projectile sera maximum, en supposant $\left\| \vec{V_0} \right\|$ = constante.

Note : on néglige la force de résistance de l'air.

Réponses : a) $x = V_0 \cos \alpha \, . \, t \qquad y = -\frac{gt^2}{2} + V_0 \sin \alpha \, . \, t$

b) $y = -\frac{g}{2\, V_0^2 \cos^2 \alpha} x^2 + x \tan \alpha$

c) $\alpha = \frac{\pi}{4}$

B5 – *Poursuite d'un avion par un missile* (voir *Analyse*, exercice B1, chap. 6)

On considère dans un repère plan $(O, \vec{i}, \vec{j})$ un avion A volant le long de $\overrightarrow{Oy}$ avec une vitesse constante $\vec{V_0}$, poursuivi par un missile M se dirigeant toujours vers lui et volant avec une vitesse constante double $\overrightarrow{2\, V_0}$.

a) En éliminant le temps t entre les deux composantes du vecteur vitesse du missile, établir une équation différentielle du 2nd ordre entre les coordonnées x et y du missile.

b) Résoudre cette équation différentielle en tenant compte des conditions initiales pour $t = 0$ $\begin{cases} \text{avion en } O\ (x = 0,\ y = 0), \\ \text{vitesse de l'avion } (x' = 0,\ y' = V_0) \end{cases}$

$\begin{cases} \text{missile en } M_0\ (x = a,\ y = 0), \\ \text{vitesse du missile } (x' = -2\, V_0,\ y' = 0). \end{cases}$

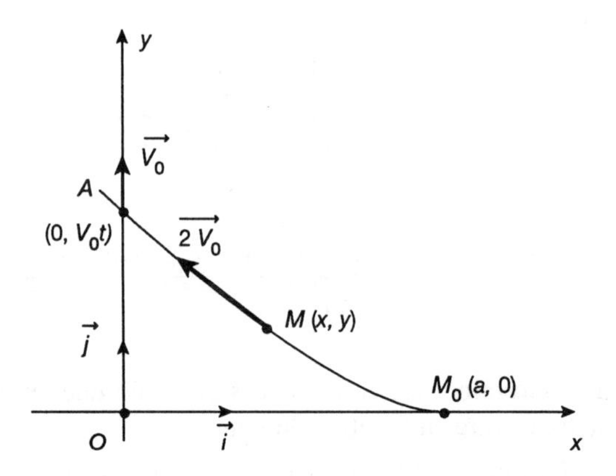

Réponses : a) $2x'' = \sqrt{1 + y'^2}$

b) $y = \dfrac{x\sqrt{x}}{3\sqrt{a}} - \sqrt{ax} + \dfrac{2a}{3}$

Chapitre 9

Courbes en coordonnées polaires

cours – résumé

Dans un repère $(O, \vec{i}, \vec{j})$ du plan, un point M est défini en coordonnées polaires en considérant l'«*axe polaire*» orienté $\overrightarrow{OX}$ porté par OM de vecteur unitaire $\vec{u}$.

On appelle :

l'«*angle polaire*» de M l'angle $\theta = (\overrightarrow{Ox}, \overrightarrow{OX})$

le «*rayon-vecteur*» de M le vecteur $\overrightarrow{OM} = r\,\vec{u}$

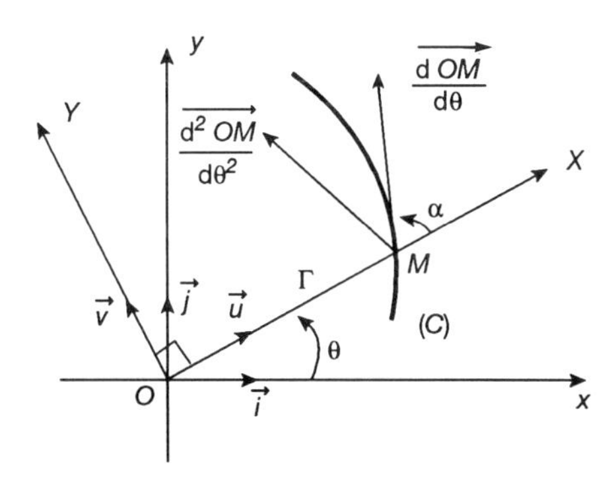

Si Γ est une fonction «numérique» de θ, $r(\theta)$, le point M décrit une courbe (C) lorsque θ varie. Cette courbe est définie par une fonction «vectorielle» de l'angle polaire θ :

$$(C) \quad \boxed{\begin{array}{c} \overrightarrow{OM} = r\cos\theta.\vec{i} + r\sin\theta.\vec{j} \\ r = r(\theta) \end{array}}$$

Vecteur dérivé

En tout point M d'une courbe (C) définie en coordonnées polaires, le vecteur dérivé, qui a la même direction que la tangente à (C) en M, est obtenue par dérivation du rayon vecteur :

$$\overrightarrow{OM} = r\,\vec{u} \quad \text{soit} \quad \frac{\mathrm{d}\overrightarrow{OM}}{\mathrm{d}\theta} = \frac{\mathrm{d}r}{\mathrm{d}\theta}\vec{u} + r.\frac{\mathrm{d}\vec{u}}{\mathrm{d}\theta}$$

Or, le vecteur $\frac{\mathrm{d}\vec{u}}{\mathrm{d}\theta}$ est égal au vecteur unitaire $\vec{v}$ de l'axe $\overrightarrow{OY}$ directement perpendiculaire à $\overrightarrow{OX}$. En effet :

$$\vec{u} = \cos\theta.\vec{i} + \sin\theta.\vec{j} \quad \text{d'où} \quad \frac{\mathrm{d}\vec{u}}{\mathrm{d}\theta} = \cos\left(\theta + \frac{\pi}{2}\right).\vec{i} + \sin\left(\theta + \frac{\pi}{2}\right).\vec{j} = \vec{v}$$

On en déduit : $$\boxed{\frac{\mathrm{d}\overrightarrow{OM}}{\mathrm{d}\theta} = \frac{\mathrm{d}r}{\mathrm{d}\theta}.\vec{u} + r.\vec{v}}$$

Vecteur dérivé d'ordre 2

Le vecteur dérivé d'ordre 2, $\frac{\mathrm{d}^2\overrightarrow{OM}}{\mathrm{d}\theta^2}$, intervient dans la définition de la «concavité» et de la «courbure» d'une courbe (C) en un point M, et aussi en «cinématique polaire». Il est défini dans la base vectorielle $(\vec{u}, \vec{v})$ par :

$$\boxed{\frac{\mathrm{d}^2\overrightarrow{OM}}{\mathrm{d}\theta^2} = \left(\frac{\mathrm{d}^2 r}{\mathrm{d}\theta^2} - r\right).\vec{u} + 2\frac{\mathrm{d}r}{\mathrm{d}\theta}.\vec{v}}$$

Étude d'une courbe définie en coordonnées polaires

Une courbe (C) définie en coordonnées polaires s'étudie en suivant le plan général d'étude d'une fonction «numérique», ici $r(\theta)$.

Périodicité

Si $r(\theta + T) = \Gamma(\theta)$, la fonction est périodique de période T : on construit l'arc correspondant à $\theta \in [O, T]$, et la courbe (C) est constituée de tous les arcs déduits de celui-ci par des rotations de centre O et d'angles nT, $n \in \mathbb{Z}$ (il y a un nombre fini ou infini d'arcs selon que $\frac{T}{\pi}$ est rationnel ou non).

Parité

Si $r(-\theta) = r(\theta)$, la courbe (C) est symétrique par rapport à l'axe $\overrightarrow{Ox}$.

Si $r(-\theta) = -r(\theta)$, la courbe (C) est symétrique par rapport à l'axe $\overrightarrow{Oy}$.

Symétries

Si $r(\alpha - \theta) = r(\theta)$, la courbe (C) admet l'axe d'angle polaire $\frac{\alpha}{2}$ comme axe de symétrie.

Variations : les variations du rayon-vecteur en fonction de l'angle polaire dans D_f se déduisent du signe de la dérivée $r'(\theta)$.

Tangente en un point : l'expression du vecteur dérivé $\frac{d\overrightarrow{OM}}{d\theta}$ montre que l'angle α formé par la tangente à (C) en un point M avec le *rayon vecteur* $\overrightarrow{OM}$ est défini par :

$$\boxed{\tan\alpha = \frac{r(\theta)}{r'(\theta)}}$$

On peut noter que l'angle formé par la tangente avec *l'axe* $\overrightarrow{Ox}$ vaut $\alpha + \theta$.

Branches infinies

Les branches infinies peuvent prendre des formes particulières en coordonnées polaires, selon qu'elles se présentent lorsque $\theta \to \theta_0$ ou lorsque $\theta \to \infty$.

1er cas : si $\lim\limits_{\theta \to \theta_0} r(\theta) = \infty$:

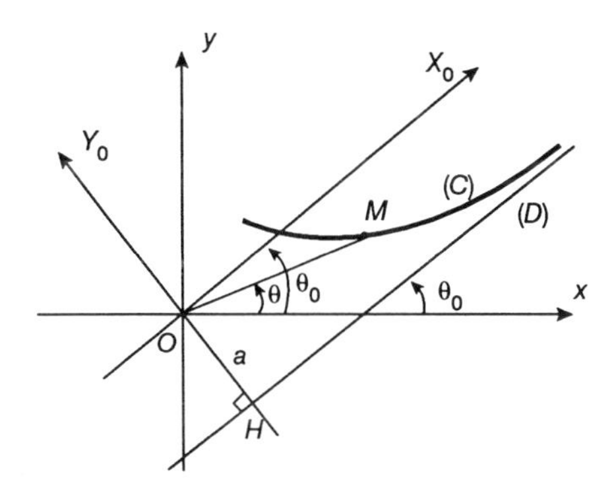

La courbe (C) présente une direction asymptotique dans la direction d'angle de pente θ_0. Elle admet une asymptote si :

$$\lim_{\theta \to \theta_0} r(\theta) \,.\, \sin(\theta - \theta_0) = a$$

L'équation polaire de l'asymptote (D) est :

$$r = \frac{a}{\sin(\theta - \theta_0)}$$

a représente la mesure algébrique de OH, distance de O à (D) et θ_0 représente l'angle formé par (D) avec $\overrightarrow{Ox}$.

2e cas : si $\lim_{\theta \to \infty} r(\theta) = \infty$:

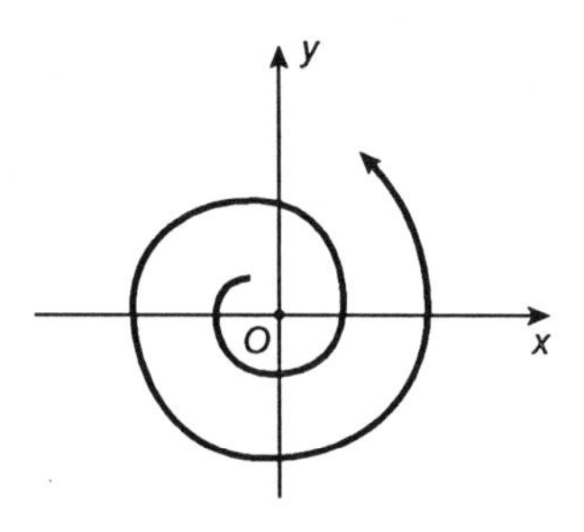

La courbe (C) présente une forme de «spirale» sans direction asymptotique.

3e cas : si $\lim_{\theta \to \infty} r(\theta) = r_0$

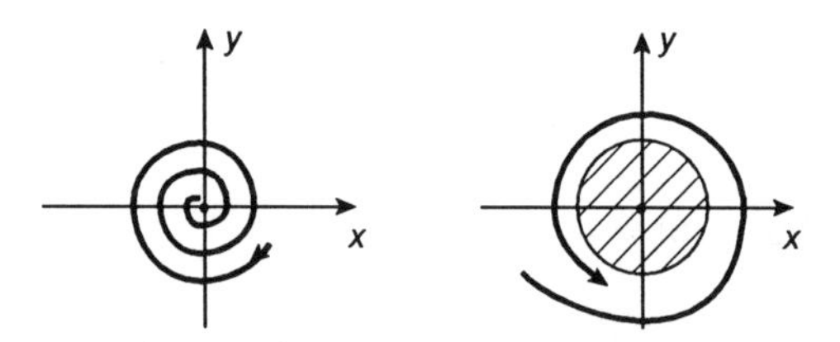

La courbe (C) admet un «point asymptote» à l'origine si $r_0 = 0$, et un «cercle asymptote» centré à l'origine de rayon r_0 si $r_0 \neq 0$.

Points particuliers

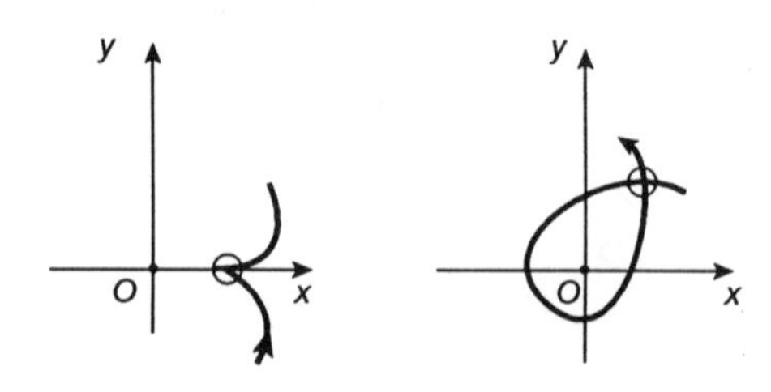

La courbe (C) peut présenter des «*points de rebroussement*», lorsque $r'(\theta)$ et l'angle α tendent ensemble vers 0, et des «*points doubles*» distincts de l'origine O s'il existe 2 valeurs de θ, telles que θ_0 et $\theta_0 + 2\pi$ par exemple, pour lesquelles $r(\theta)$ prend la même valeur r_0.

Calcul de surfaces en coordonnées polaires

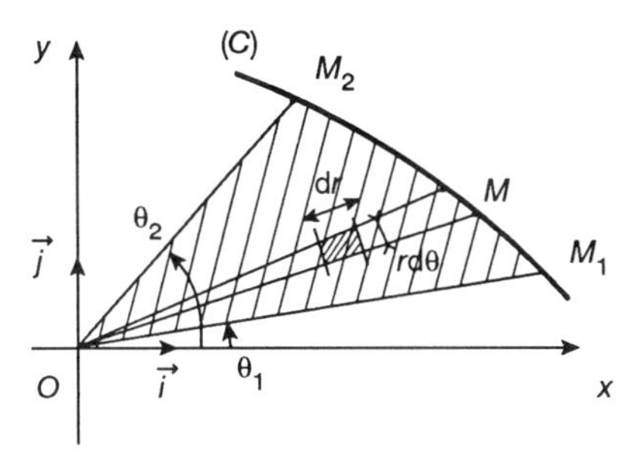

L'élément de surface, en coordonnées (r, θ), peut être assimilé à un petit rectangle de cotés $r\mathrm{d}\theta$ et $\mathrm{d}r$:

$$\mathrm{d}S = r \,.\, \mathrm{d}\theta \,.\, \mathrm{d}r \Rightarrow S = \iint_{\mathcal{D}} r\mathrm{d}r\,\mathrm{d}\theta$$

Ainsi, la surface balayée par le rayon vecteur $\overrightarrow{OM}$ d'un point d'une courbe (C) telle que $r = r(\theta)$ pour $r \in [\theta_1, \theta_2]$ sera définie par l'intégrale :

$$\boxed{S = \frac{1}{2}\int_{\theta_1}^{\theta_2} r^2(\theta)\,.\,\mathrm{d}\theta}$$

Loi des aires : En cinématique, lorsqu'un point matériel M est soumis à une force toujours dirigée vers un point fixe O, les surfaces balayées par le rayon vecteur de la trajectoire de M pendant des intervalles de temps égaux sont égales, on a alors :

$r^2\dfrac{\mathrm{d}\theta}{\mathrm{d}t} = C$ où t représente le «temps» et C la «constante des aires».

Calcul de longueurs d'arcs en coordonnées polaires

L'élément de longueur d'arc $\mathrm{d}l$, en coordonnées (r, θ), peut être assimilé à l'hypothénuse d'un triangle rectangle de cotés $r\mathrm{d}\theta$ et $\mathrm{d}r$:

$$\mathrm{d}l = \sqrt{(r\mathrm{d}\theta)^2 + (\mathrm{d}r)^2}$$

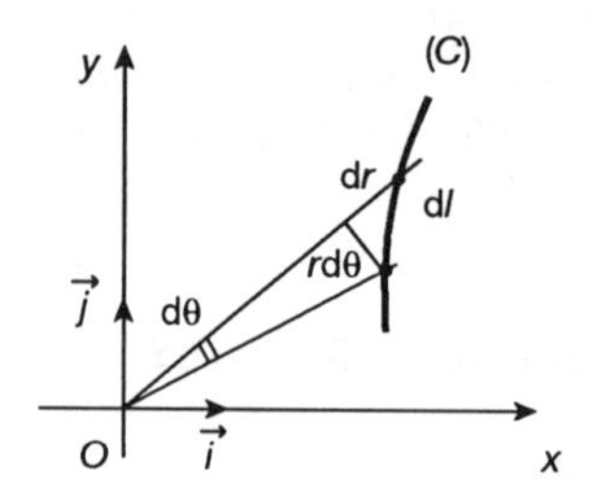

Ainsi, la longueur d'un arc de courbe (C) telle que $r = r(\theta)$ pour $\theta \in [\theta_1, \theta_2]$ sera définie par l'intégrale :

$$l = \int_{\theta_1}^{\theta_2} \sqrt{\left(\frac{dr}{d\theta}\right)^2 + r^2}\,.d\theta$$

Exercices

(☐ : *Les solutions développées sont données p. 167*)

Exercices théoriques

A1 – Étudier et tracer la courbe représentative (C) du lieu du point M défini en coordonnées polaires (r, θ) par la relation :

$$r = a \cos 3\theta$$

On précisera la périodicité et les symétries.

Réponse : «rosace à 3 branches»

A2 – Étudier et tracer la courbe représentative (C) du lieu du point M défini en coordonnées polaires (r, θ) par :

$$r = \frac{a}{\theta} \qquad a > 0$$

On précisera les comportements asymptotiques du point M lorsque $\theta \to 0^+$ et $\theta \to +\infty$.

Réponse : «spirale hyperbolique», point asymptote O, droite asymptote $r = \dfrac{a}{\sin\theta}$.

A3 – Écrire les équations polaires (r, θ) d'un point M du plan dont le lieu est :

a) Une droite (D) située à une distance a de l'origine O et formant l'angle θ_0 avec l'axe $\overrightarrow{Ox}$.

b) Un cercle (C) passant par l'origine, dont un diamètre de longueur $2a$ forme d'angle θ_0 avec l'axe $\overrightarrow{Oy}$.

Réponses : a) $r = \dfrac{a}{\cos(\theta - \theta_0)}$ b) $r = 2a \cos(\theta - \theta_0)$

A4 – Calculer l'aire $\mathscr{A}$ de la surface intérieure à la «lemniscate de BERNOUILLI» dont l'équation polaire est $r^2 = a^2 \cos 2\theta$.

Réponse : $\mathscr{A} = a^2$

A5 – Écrire l'équation polaire (r, θ) d'un point M du plan tel que le rapport entre ses distances à un point O et à une droite (D) située à une distance d du point O soit toujours égal à une constante $e > 0$.

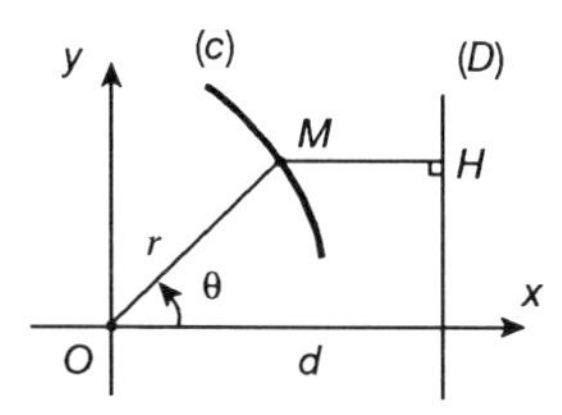

Réponse : $r = \dfrac{e\mathrm{d}}{1 + e\cos\theta}$ conique de foyer O, de directrice (D) et d'excentricité e.

A6 – On considère la courbe (C) définie par l'équation polaire :

$$r = a \sin^3 \frac{\theta}{3} \qquad a > 0$$

a) Étudier et tracer (C), en précisant en chacun de ses points M l'angle $\alpha = (\overrightarrow{OM}, \overrightarrow{MT})$ formé par la tangente avec le rayon polaire.

b) Calculer la longueur totale de (C).

Réponse : b) $l_t = \dfrac{3a\pi}{2}$

A7 – On considère la courbe (C), appelée «cardioïde», définie en coordonnées polaires (r, θ) par l'équation $r = 2R(1 + \cos\theta)$.

a) Étudier cette courbe.

b) Démontrer géométriquement que (C) est le lieu décrit par un point M d'un cercle (r) de rayon R qui roule sans glisser sur un cercle fixe (r_0) de même rayon R, tangent en O à $\overrightarrow{Oy}$.

c) Démontrer que l'aire de la surface intérieure à (C) est six fois plus grande que celle du cercle (r_0).

A8 – *Cinématique en coordonnées polaires*

Soit M un point matériel soumis à des forces extérieures, dont la vitesse et la trajectoire sont étudiées en coordonnées polaires (r, θ).

a) Exprimer dans la base polaire $(\vec{u}, \vec{v})$ le vecteur «vitesse» $\dfrac{\mathrm{d}\overrightarrow{OM}}{\mathrm{d}t}$, en fonction de r, θ, et de leurs dérivées 1res par rapport à t.

b) Exprimer dans la base polaire $(\vec{u}, \vec{v})$ le vecteur «accélération» $\dfrac{\mathrm{d}^2\overrightarrow{OM}}{\mathrm{d}t^2}$, en fonction de r, θ, et de leurs dérivées 1res et 2ndes par rapport à t.

c) Montrer que si le vecteur «accélération» est toujours dirigé vers le point O (accélération «centrale»), on obtient la «loi des aires», également appelée 2e loi de Kepler :

$$r^2 \frac{\mathrm{d}\theta}{\mathrm{d}t} = C$$

Réponses :

a) $$\frac{\mathrm{d}\overrightarrow{OM}}{\mathrm{d}t} = \frac{\mathrm{d}r}{\mathrm{d}r}\vec{u} + r\frac{\mathrm{d}\theta}{\mathrm{d}t}\vec{v}$$

b) $$\frac{\mathrm{d}^2\overrightarrow{OM}}{\mathrm{d}t^2} = \left[\frac{\mathrm{d}^2 r}{\mathrm{d}t^2} - r\left(\frac{\mathrm{d}\theta}{\mathrm{d}t}\right)^2\right]\vec{u} + \left|r\frac{\mathrm{d}^2\theta}{\mathrm{d}t^2} + 2\frac{\mathrm{d}r}{\mathrm{d}t}.\frac{\mathrm{d}\theta}{\mathrm{d}t}\right|.\vec{v}$$

Exercices pratiques

B1 – *Problème du 29 février des années bissextiles*

L'orbite décrite par la Terre autour du Soleil est une ellipse définie en coordonnées polaires de centre le Soleil par :

$$r = \frac{p}{1 + e\cos\theta} \quad \text{avec} \quad \begin{cases} p = \text{«paramètre»} = 1{,}497 \times 10^{11}\ \text{m} \\ e = \text{«excentricité»} = 0{,}0167 \end{cases}$$

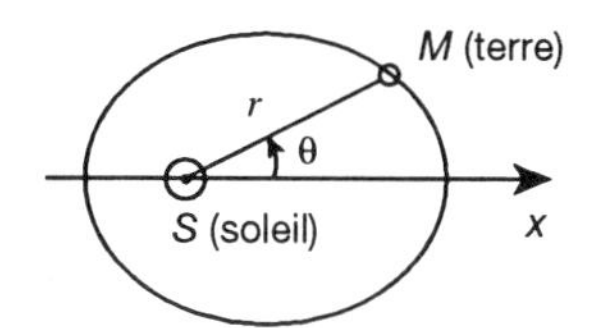

a) Calculer son $^1/_2$ grand axe a et son $^1/_2$ petit axe b.

b) Sachant que la période de révolution T et le $^1/_2$ grand axe a sont reliés par la 3e loi de Kepler :

$$\frac{T^2}{a^3}=\frac{4\pi^2}{G.M_S} \quad \text{avec} \begin{cases} G = \text{constante universelle} = 6{,}67 \times 10^{-11}\ \text{m}^3/\text{kg . s}^2 \\ M_S = \text{masse du Soleil} = 2 \times 10^{30}\ \text{kg} \end{cases}$$

Expliquer pourquoi le 29 février n'existe que tous les 4 ans.

Réponses : a) $a = 1{,}4974 \times 10^{11}$ m b) $T = 365{,}25$ jours
$b = 1{,}4972 \times 10^{11}$ m

B2 – *Sensibilité d'une antenne à cadre mobile*

La sensibilité r d'une antenne à cadre mobile est définie, en fonction de l'angle θ entre son axe et la direction d'un émetteur par l'équation polaire :

$$r = a\,(1 - \cos\theta) \quad \text{où} \quad a = \text{cte}$$

Étudier la variation de Γ en fonction de θ et tracer sa courbe représentative. Expliquer comment on peut localiser un émetteur par 2 mesures de sensibilité effectuées à partir de 2 emplacements différents O_1 et O_2.

Réponse : « cardioïde », émetteur à l'intersection de $\overrightarrow{O_1 r_{1\,max}}$ et $\overrightarrow{O_2 r_{2\,max}}$.

B3 – *Masse et moment d'inertie d'une came métallique*

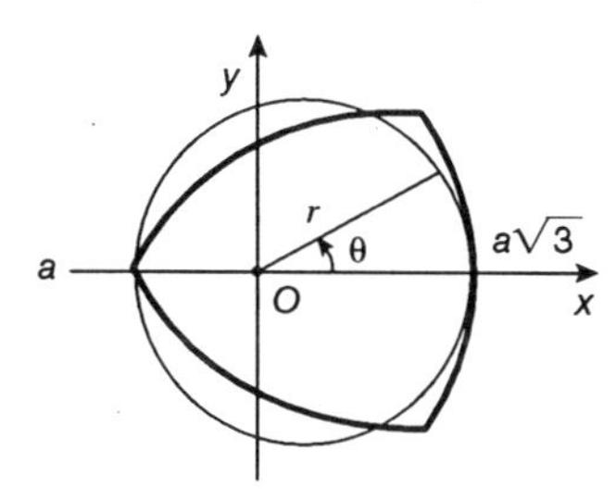

On considère une came métallique d'épaisseur e_0 et de masse volumique ρ_0 constantes, ayant la forme d'une courbe définie en coordonnées polaires par l'équation :

$$r = a\sqrt{2+\cos\theta} \qquad a = \text{constante donnée}$$

a) Calculer sa masse M.

b) Calculer son moment d'inertie I_0 par rapport à O.

Réponses : a) $M = 2\pi\rho_0 e_0 a^2$ b) $I_0 = \frac{9\pi}{4}\rho_0 e_0 a^4$

B4 – *Satellite « géostationnaire »*

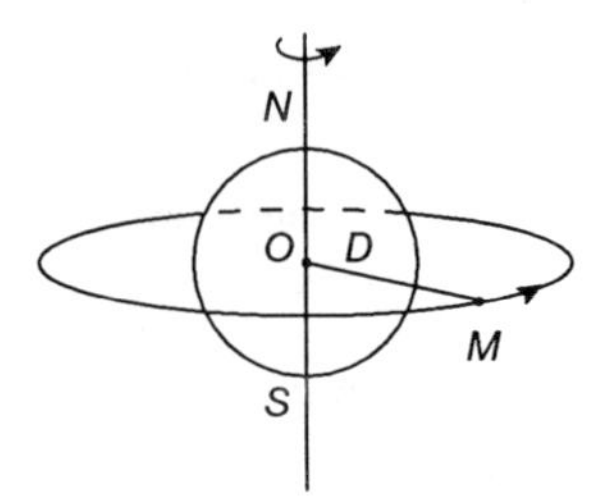

Déterminer dans quel plan et à quelle distance D du centre de la Terre il faut lancer un satellite artificiel de la Terre sur orbite circulaire pour qu'il semble immobile aux observateurs terrestres.

On utilisera la 3e loi de Kepler :

$$\frac{T^2}{D^3} = \frac{4\pi^2}{G.M_T} \quad \text{avec} \quad \begin{cases} G = \text{constante universelle} = 6{,}67 \times 10^{-11}\ \text{m}^3/\text{kg} \cdot \text{s}^2 \\ M_T = \text{masse de la Terre} = 5{,}97 \times 10^{24}\ \text{kg} \end{cases}$$

Réponse : $D = 42\ 200$ km dans le plan de l'équateur, lancé d'Ouest en Est.

B5 – *Comète périodique de Halley*

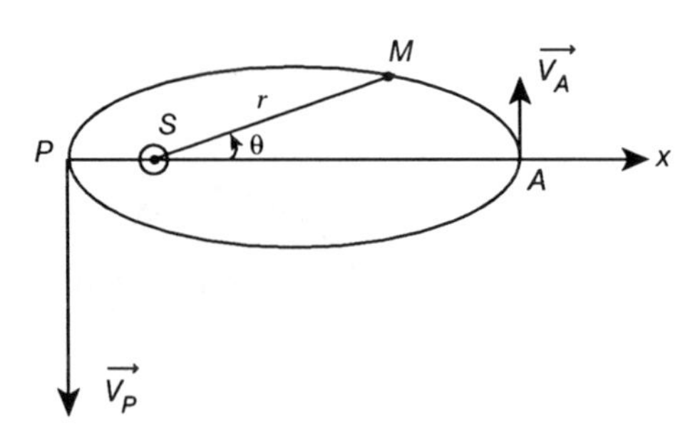

La comète de Halley, M, se déplace sur une trajectoire elliptique de grande excentricité autour du Soleil, S, qui en est un des foyers. Son équation polaire de centre S est :

$$r = \frac{p}{1 + e\cos\theta}$$

a) Sachant qu'elle est passée à son «périhélie», P, le 26 avril 1986, à la distance du Soleil $SP = 8{,}61 \times 10^{10}$ m, avec une vitesse $\|\overrightarrow{V_P}\| = 5{,}522 \times 10^4$ m/s, calculer la valeur de la constante C de la loi des aires $r^2 \dfrac{d\theta}{dt} = C$ pour cette comète.

b) En déduire la distance à laquelle elle sera du Soleil lors de son passage à son «aphélie» A (on connaît $\|\overrightarrow{V_A}\| = 9 \times 10^2$ m/s).

c) Calculer l'excentricité e de son orbite.

d) Calculer sa période de révolution, T, et en déduire la date de son prochain passage à son «périhélie» P (on utilisera la loi des aires ou la 3e loi de Kepler).

Réponses : a) $C = 4{,}75 \times 10^{15}$ m²/s
b) $SA = 5{,}28 \times 10^{12}$ m
c) $e = 0{,}968$
d) en mars 2061

Chapitre 10

Coniques

cours-résumé

Sections planes d'un cône de révolution

On appelle «coniques» toutes les courbes que l'on peut obtenir en coupant un cône de révolution par des plans d'orientation quelconque ne passant pas par le sommet du cône. Il existe trois familles de coniques :

– les «*ellipses*», qui restent fermées sur elles-même (le «*cercle*» est une ellipse particulière),
– les «*paraboles*», qui comportent une branche infinie,
– les «*hyperboles*», qui comportent deux branches infinies.

Définition «bifocale» de l'ellipse et de l'hyperbole

Soient F_1 et F_2 deux points fixes du plan, que l'on appelle les «*foyers*», distants l'un de l'autre d'une longueur non nulle 2 c, que l'on appelle la «*distance focale*».

$$\|F_1F_2\| = 2c$$

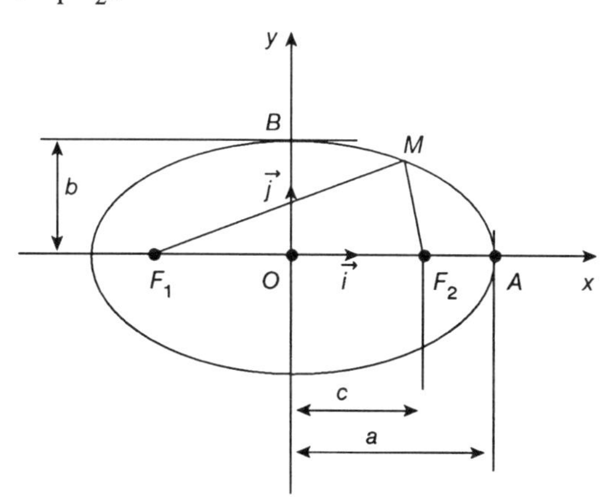

Une «ellipse» est le lieu des points M du plan tels que la somme de ses distances aux points F_1 et F_2 reste égale à une constante 2 a :

$$\|MF_1\| + \|MF_2\| = 2a \qquad a > 0$$

Dans le repère $(O, \vec{i}, \vec{j})$ de centre O milieu de $F_1 F_2$ et $\vec{i}$ dirigé le long de $F_1 F_2$, l'équation «*réduite*» du lieu de M est :

$$\boxed{\frac{x^2}{a^2}+\frac{y^2}{b^2}=1}$$

$OA = a$, appelé le «*1/2 axe*» sur $\overrightarrow{Ox}$, et $OB = b$, appelé le «*1/2 axe*» sur $\overrightarrow{Oy}$, sont reliés par la relation :

$$\boxed{a^2-b^2=c^2} \qquad (BF_1 = BF_2 = a)$$

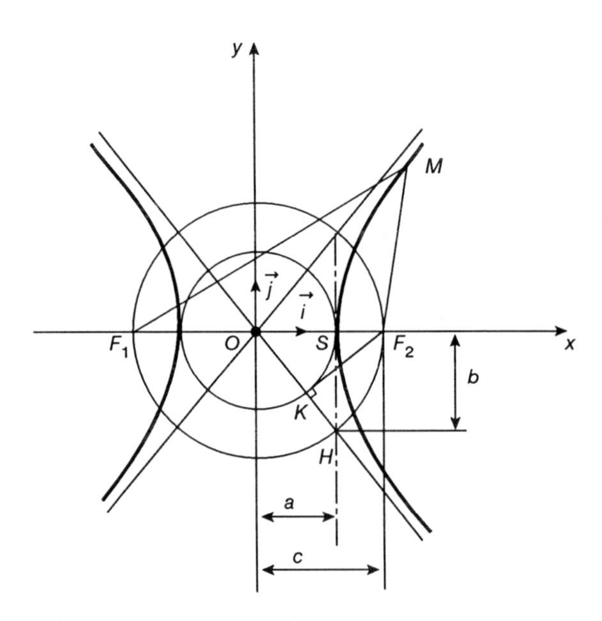

Une «hyperbole» est le lieu des points M du plan tels que la différence de ses distances aux points F_1 et F_2 reste égale à une constante $2a$, en valeur absolue :

$$\left|\|MF_1\|-\|MF_2\|\right|=2a \qquad a>0$$

Dans le repère $(O, \vec{i}, \vec{j})$, l'équation «*réduite*» du lieu de M est :

$$\boxed{\frac{x^2}{a^2}-\frac{y^2}{b^2}=1}$$

$OS = a$, distance du centre au «sommet» S et $F_2 K = b$, distance du foyer aux asymptotes, sont reliés par la relation :

$$\boxed{a^2 + b^2 = c^2}$$

$$OH = c$$
$$F_2 K = SH = b$$

Définition «unifocale» des coniques

Soit F un point fixe appelé «*foyer*», (D) une droite fixe appelée «*directrice*» située à une distance $d \neq 0$ du foyer, et e un réel strictement positif appelé «*excentricité*».

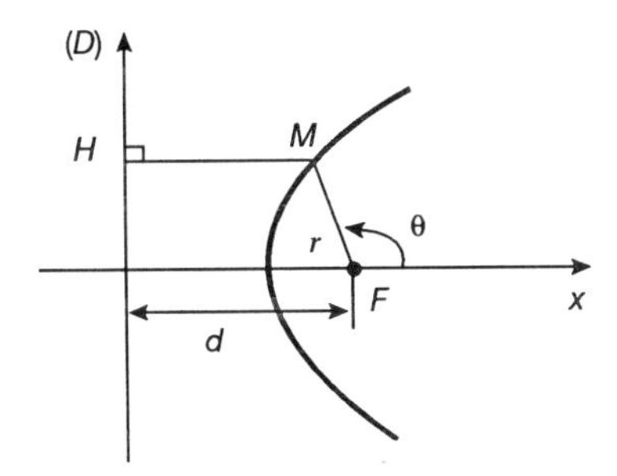

Une conique est le lieu d'un point M situé dans le plan formé par le point F et la droite (D), tel que le rapport entre ses distances à F et à (D) reste égal à e :

$$\boxed{\frac{\|MF\|}{\|MH\|} = e}$$

La conique est :
- une «ellipse» si $e < 1$
- une «parabole» si $e = 1$
- une «hyperbole» si $e > 1$

On peut voir, par symétrie, que l'ellipse et l'hyperbole ont en réalité deux foyers et deux directrices, symétriques par rapport au centre de la conique. La parabole n'a qu'un foyer et une directrice (les autres sont rejetés à l'infini). On peut considérer un cercle comme une ellipse d'excentricité nulle.

Équation «polaire»

Dans le système de coordonnées polaires *de centre* F et de direction $\overrightarrow{Fx}$ perpendiculaire à (D), l'équation polaire d'une conique est :

$$\boxed{r = \frac{ed}{1 + e\cos\theta}} \qquad (1)$$

L'autre forme possible $r = \frac{-ed}{1 - e\cos\theta}$ est équivalente à la relation (1) puisque si on change θ en $\theta + \pi$ on obtient $-r$ et que les deux points de coordonnées polaires (r, θ) et $(-r, \theta + \pi)$ sont identiques.

On pose habituellement $p = e\,d$, qu'on appelle le «*paramètre*» de la conique, il représente la 1/2 longueur de la corde focale parallèle à la directrice (D).

Relations entre les éléments des 2 définitions, «unifocale» et «bifocale»

On peut montrer que les relations entre les 3 éléments de la définition «unifocale», e, d, p, et les 3 éléments de la définition «bifocale», a, b, c sont, pour une ellipse et une hyperbole :

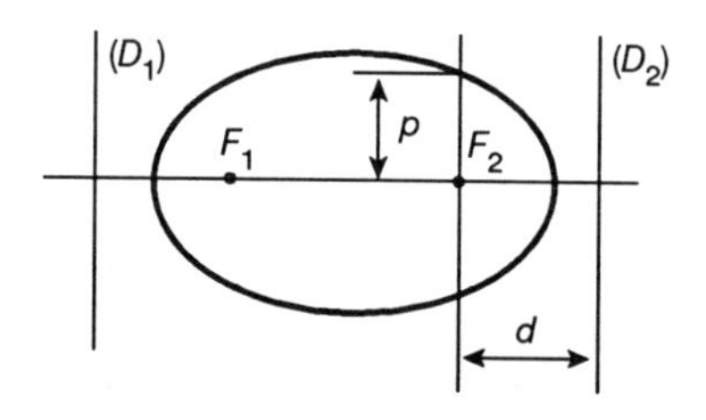

excentricité	$e = \frac{c}{a}$
distance du foyer à la directrice	$d = \frac{b^2}{c}$
paramètre	$p = \frac{b^2}{a}$

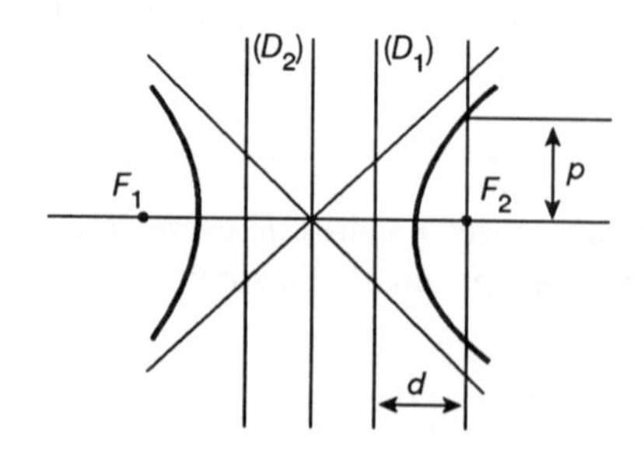

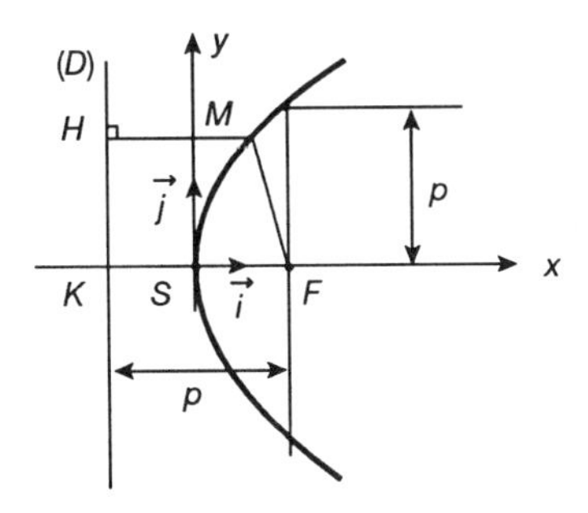

Pour une parabole, l'excentricité est égale à 1, on a toujours $MF = MH$, et le paramètre p est égal à la distance d du foyer à la directrice. Dans le repère *de centre S* $(S, \vec{i}, \vec{j})$, son équation «*réduite*» est :

$$y^2 = 2\,p\,x$$

Réduction de l'équation algébrique d'une conique

Dans un repère orthonormé $(O, \vec{i}, \vec{j})$, la forme la plus générale de l'équation algébrique entre les coordonnées orthogonales d'un point $M(x, y)$ d'une conique est :

$$Ax^2 + 2\,Bxy + Cy^2 + 2\,Dx + 2\,Ey + F = 0 \qquad (1)$$

La recherche de la nature et des éléments de la conique nécessite d'écrire son équation «*réduite*», dans le repère $(\omega\,\vec{I}\,\vec{J})$ constitué par son centre ω et ses axes principaux $\overrightarrow{\omega X}$ et $\overrightarrow{\omega Y}$.

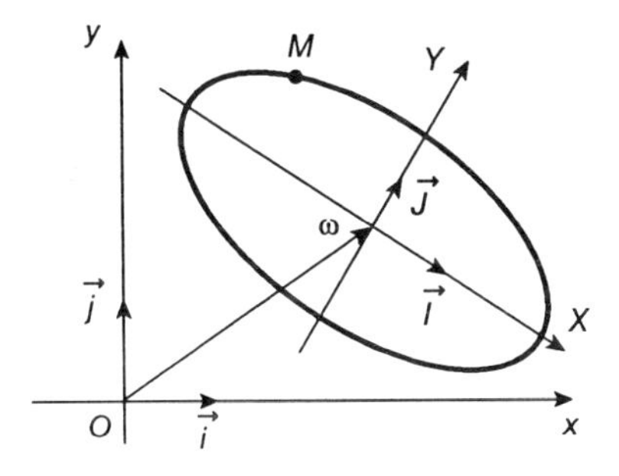

1er cas : B = 0, le terme « rectangle » du 2e degré est nul

L'équation réduite est obtenue en effectuant un changement de coordonnées défini par :

$$\begin{cases} X = x + \dfrac{D}{A} \\ \\ Y = y + \dfrac{E}{C} \end{cases}$$

L'équation (1) prendra alors la forme $AX^2 + CY^2 = K$ qui, selon les signes de $\dfrac{A}{K}$ et $\dfrac{C}{K}$, représente une ellipse ou une hyperbole dont les axes principaux sont parallèles aux axes $\overrightarrow{Ox}$ et $\overrightarrow{Oy}$.

Si, de plus, l'un des 2 termes «carrés» est nul, soit $A = 0$ ou $C = 0$, l'équation (1) prendra alors l'une ou l'autre des formes $Y_1^2 + \dfrac{2D}{C} X_1 = 0$ ou $X_1^2 + \dfrac{2E}{A} Y_1 = 0$, qui représentera (en général) une parabole d'axe parallèle à $\overrightarrow{Ox}$ ou parallèle à $\overrightarrow{Oy}$.

2e cas : B ≠ 0, le terme « rectangle » du 2e degré n'est pas nul

On doit alors se ramener au 1er cas, ce que l'on peut faire par l'une ou l'autre des méthodes suivantes :

1re méthode : recherche des valeurs «propres» et des «vecteurs propres» de la forme quadratique $Ax^2 + 2\,Bxy + Cy^2$ associée à l'équation (1) :

$$Q\left(\overrightarrow{OM}\right) = (xy)\begin{pmatrix} A & B \\ B & C \end{pmatrix}\begin{pmatrix} x \\ y \end{pmatrix} \qquad \text{Voir chapitre 7.}$$

On montre que les directions des axes principaux de la conique sont celles des vecteurs «propres».

2e méthode : recherche d'une rotation des axes, d'angle α, qui ramène l'équation (1) à une équation sans terme «rectangle».

On montre que le changement de coordonnées défini par

$$\begin{cases} x = X\cos\alpha - Y\sin\alpha \\ y = X\sin\alpha + Y\cos\alpha \end{cases}$$

conduit à des valeurs de α définies par $\tan 2\alpha = \dfrac{2B}{A - C}$

Réduction de l'équation polaire d'une conique

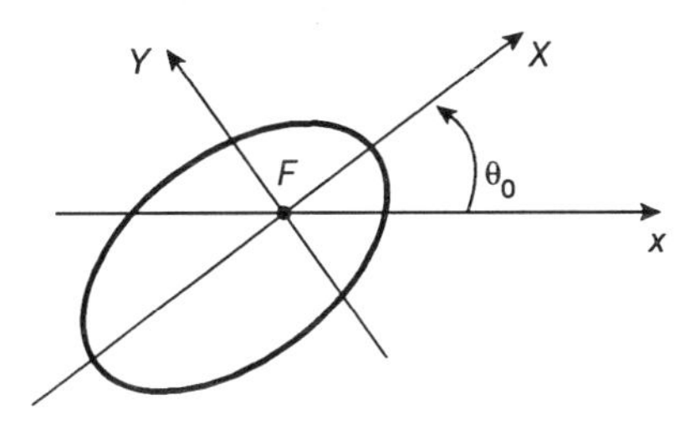

Lorsqu'une conique est définie en coordonnées polaires ayant pour centre *un foyer F* de la conique et pour axe un axe $\overrightarrow{Fx}$ quelconque, la forme la plus générale de son équation polaire est :

$$\boxed{r = \frac{A}{B + C\sin\theta + D\cos\theta}} \qquad (1)$$

On pourra ramener cette équation, en posant $\tan\theta_0 = \frac{D}{C}$, à la forme classique :

$$r = \frac{p}{1 + e\cos(\theta - \theta_0)} \qquad \text{avec} \qquad p = \frac{A}{B} \qquad \text{et} \qquad e = \frac{C}{B\cos\theta_0}$$

La direction des axes principaux sera alors définie par la direction formant l'angle θ_0 avec $\overrightarrow{Ox}$.

Représentation d'une conique en coordonnées paramétriques

Dans un repère $(O, \vec{i}, \vec{j})$ dont le centre est le centre O de la conique et dont les axes sont les axes principaux de la conique, on peut représenter une conique en coordonnées paramétriques (d'un certain paramètre) de la façon suivante :

Ellipse : $(E)\begin{cases} x = a\cos\varphi \\ y = b\sin\varphi \end{cases} \qquad \varphi \in [-\pi, +\pi]$

Hyperbole : $(H)\begin{cases} x = \dfrac{a}{\cos\varphi} \\ y = b\tan\varphi \end{cases} \qquad \varphi \in [-\pi, +\pi] - \left\{\varphi = \pm\dfrac{\pi}{2}\right\}$

ou $(H)\begin{cases} x = a\,\text{ch}\,u \\ y = b\,\text{sh}\,u \end{cases} \qquad u \in \mathbb{R}$

Ces coordonnées paramétriques se déduisent directement des équations *réduites* des coniques.

Exercices

(☐ : *Les solutions développées sont données p. 175*)

Exercices théoriques

A1 – Soit (*H*) la conique dont l'équation cartésienne, dans un repère orthonormé du plan $(O, \vec{i}, \vec{j})$ est :

$$4x^2 - 9y^2 + 16x + 18y - 29 = 0$$

a) Montrer que (*H*) est une hyperbole. Déterminer son centre ω, ses axes, ses sommets et ses asymptotes.

b) On considère une autre base vectorielle définie par les vecteurs :

$$\begin{cases} \vec{i_1} = 3\vec{i} + 2\vec{j} \\ \vec{j_1} = -3\vec{i} + 2\vec{j} \end{cases}$$

Déterminer l'équation de (*H*) dans le repère non orthonormé $\left(\omega, \vec{i_1}, \vec{j_1}\right)$.

Réponses :

a) ω (– 2, 1)

axes $\begin{cases} x = -2 \\ y = 1 \end{cases}$ sommets $\begin{cases} S_1\,(1, 1) \\ S_2\,(-5, 1) \end{cases}$ asymptotes $\begin{cases} 3y - 2x - 7 = 0 \\ 3y + 2x + 1 = 0 \end{cases}$

b) $x_1 y_1 = \frac{1}{4}$

A2 – Déterminer le lieu décrit par l'extrémité *M* d'un vecteur $\overrightarrow{OM}$ dont les composantes dans le repère orthonormé $(O, \vec{i}, \vec{j})$ sont respectivement proportionnelles à deux grandeurs électriques fonctions sinusoïdales du temps, en «quadrature» :

$$\overrightarrow{OM} = C_1 \sin(\omega t + \varphi)\vec{i} + C_2 \sin\left(\omega t + \varphi + \frac{\pi}{2}\right).\vec{j}$$

C_1, C_2, ω, φ constantes données.

Réponse : Ellipse de centre 0, de 1/2 axes C_1 et C_2, d'équation réduite

$$\frac{x^2}{C_1^2} + \frac{y^2}{C_2^2} = 1$$

A3 – Étudier et tracer les courbes représentatives des 3 coniques définies en coordonnées polaires (r, θ) par :

a) $r = \dfrac{6}{2+\cos\theta}$ b) $r = \dfrac{3}{1+2\cos\theta}$ c) $r = \dfrac{2}{1+\cos\theta}$

On précisera pour chaque conique l'excentricité, e, la distance d'un foyer à sa directrice associée, d, la 1/2 distance focale, c, le 1/2 grand axe, a, pour une ellipse, la distance des foyers aux asymptotes, h, pour une hyperbole, et le paramètre, p, pour une parabole.

Réponses : a) Ellipse $e = \dfrac{1}{2}$ $d = 6$ $c = 2$ $a = 4$

b) Hyperbole $e = 2$ $d = \dfrac{3}{2}$ $c = 2$ $h = \sqrt{3}$

c) Parabole $e = 1$ $p = d = 2$

A4 – Déterminer les coordonnées des foyers F_1 et F_2 et l'excentricité, e, des coniques dont les équations algébriques cartésiennes sont, dans un repère orthonormé $(O, \vec{i}, \vec{j})$:

a) $3x^2 - y^2 - 6x = 0$
b) $4x^2 + y^2 - 8x - 4y + 7 = 0$

Réponses :

a) $F_1\,(3, 0)$ $F_2\,(-1, 0)$ $e = 2$

b) $F_1\left(1, 2 + \dfrac{\sqrt{3}}{2}\right)$ $F_2\left(1, 2 - \dfrac{\sqrt{3}}{2}\right)$ $e = \dfrac{\sqrt{3}}{2}$

A5 – On considère une ellipse (E) de foyers F_1 et F_2, les tangentes (T_1) et (T_2) en ses sommets A_1 et A_2, et la tangente (T) en un de ses points M. Soient P_1 et P_2 les points d'intersection de (T) avec (T_1) et (T_2).

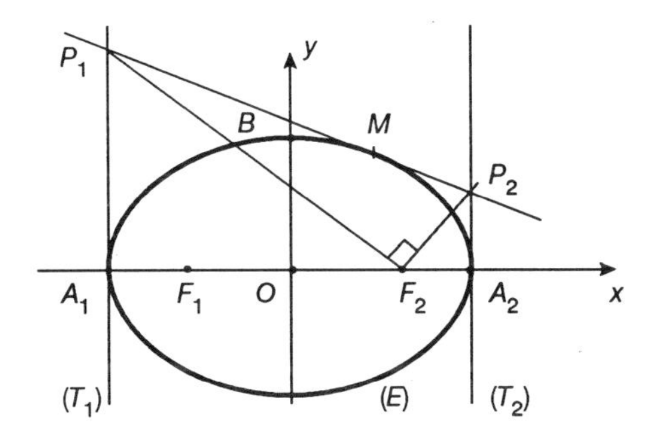

Démontrer que, quelque soit la position de M sur (E) (à l'exception de A_1 et A_2) :

a) le produit $\overline{A_1P_1} \cdot \overline{A_2P_2}$ est toujours égal à $\overline{OB}^2$, carré du 1/2 petit axe.

b) F_2P_1 est toujours perpendiculaire à F_2P_2 (et F_1P_1 toujours perpendiculaire à F_1P_2).

Conseil : Définir (E) en coordonnées paramétriques.

A6 – Déterminer la direction des axes principaux, puis écrire l'équation réduite de la conique dont l'équation algébrique est, dans le repère orthonormé $(O, \vec{i}, \vec{j})$:

$$2x^2 + 2xy + y^2 - 2 = 0$$

En déduire sa nature, son excentricité, et ses éléments caractéristiques.

Réponse : $\alpha = (\overrightarrow{Ox}\ \overrightarrow{OX}) = -58{,}3°$ $\quad \frac{3+\sqrt{5}}{4} X^2 + \frac{3-\sqrt{5}}{4} Y^2 = 1$

Ellipse $e = 0{,}92$

A7 – On considère une ellipse de foyer F et de directrice (D) associée à F.

Une tangente (T) en un point M quelconque de l'ellipse rencontre (D) en un point K.

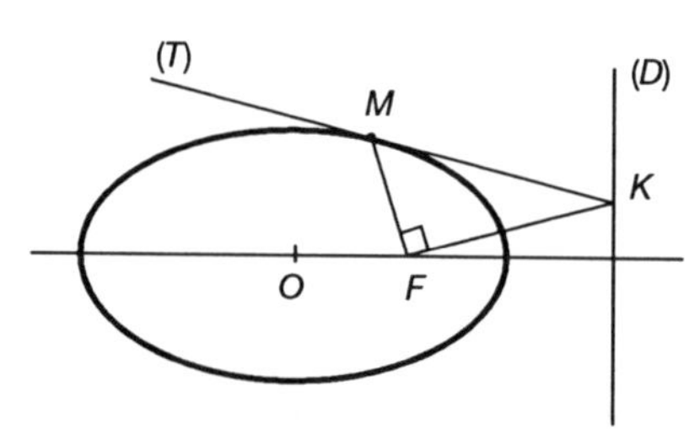

Démontrer que FM est perpendiculaire à FK.

Conseil : Définir l'ellipse en coordonnées paramétriques dans le repère orthonormé ayant comme centre le centre de l'ellipse et $\vec{i}$ dirigé vers F.

A8 – On considère, dans le plan orthonormé direct $(\overrightarrow{Ox}, \overrightarrow{Oy})$, un cercle fixe (C) de centre $A\ (O, R)$ et de rayon R. Une équerre (S) se déplace de telle sorte que son coté DF reste tangent à (C) et que son sommet D décrive l'axe $\overrightarrow{Ox}$.

Soit I le point d'intersection de la perpendiculaire à $\overrightarrow{Ox}$ issue de D et de la demi-droite issue de A passant par le point de contact tangent T. On appelle $\varphi = (\overrightarrow{Ox}, \overrightarrow{DE})$ l'angle formé par le coté DE de l'équerre avec l'axe $\overrightarrow{Ox}$.

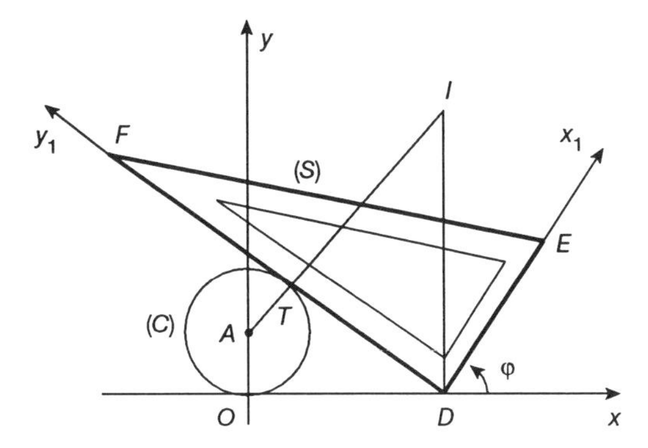

Déterminer en fonction de φ :

a) les coordonnées du point I dans le plan de référence ($\overrightarrow{Ox}$, $\overrightarrow{Oy}$) et le lieu de I dans ce plan (appelé «base»).

b) les coordonnées du point I dans le plan de référence $\left(\overrightarrow{Dx}_1, \overrightarrow{Dy}_1\right)$ constitué par l'équerre, et le lieu de I dans ce plan (appelé «roulante»).

Réponses : a) parabole de foyer A de directrice $\overrightarrow{Ox}$

b) parabole de foyer D de directrice parallèle à DF passant par A.

Exercices pratiques

B1 – *Ellipsographe*

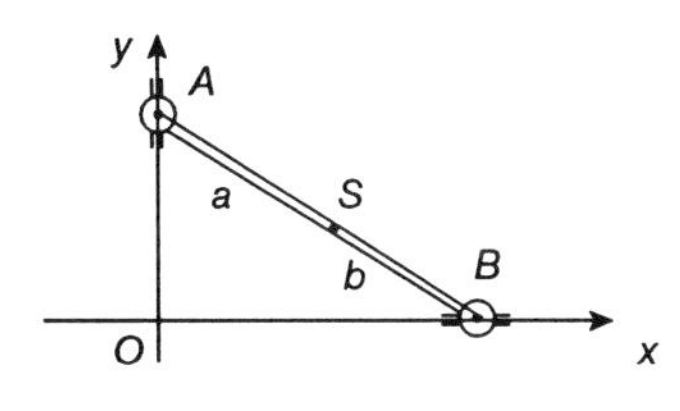

Une tige rigide de longueur donnée est articulée sur 2 axes perpendiculaires $\overrightarrow{Ox}$ et $\overrightarrow{Oy}$ de telle sorte que le point B puisse se déplacer sur $\overrightarrow{Ox}$ et le point A sur $\overrightarrow{Oy}$. Cette tige porte en un point S un stylet-encreur fixé sur la tige, tel que :

$$\|AS\| = a \quad \text{et} \quad \|BS\| = b$$

Déterminer le lieu décrit par le point S lorsque la tige se déplace.

Réponse : Ellipse de 1/2 axe a sur $\overrightarrow{Ox}$ et b sur $\overrightarrow{Oy}$.

B2 – *Navigation aérienne*

Le système «Loran» (long range navigation) comporte trois stations, situées en O (0, 0), A (0, a) et B (b, 0), qui émettent en permanence des signaux radio de même fréquence et de même phase se propageant à la vitesse c_0.

A un instant donné, un avion M reçoit les signaux des stations A et B avec des retards respectifs τ_A et τ_B par rapport à ceux qu'il reçoit de la station 0.

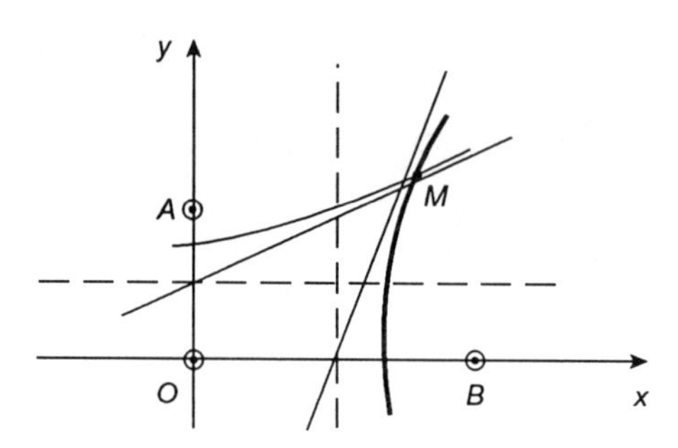

Étudier les lieux possibles pour l'avion M et en déduire sa position à l'instant considéré.

Réponse : Intersection de 2 hyperboles : respectivement de foyers O et A correspondant à τ_A, et de foyers 0 et B correspondant à τ_B (la carte comporte 2 familles d'hyperboles graduées en retard de phase à la réception).

B3 – *Phares d'automobile, four solaire héliostatique*

De nombreux dispositifs optiques utilisent des surfaces réfléchissantes basées sur les propriétés géométriques de la parabole :

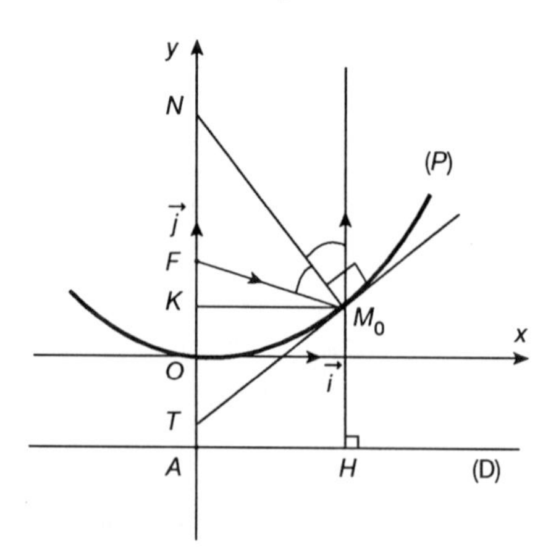

a) Écrire, dans le repère orthonormé $(O, \vec{i}, \vec{j})$, l'équation algébrique du lieu (P) des points $M(x, y)$ situés à égale distance du point $F\left(O,\frac{p}{2}\right)$ et de la droite (D) d'équation $y=-\frac{p}{2}$.

b) Soit $M_0(x_0, y_0)$ un point quelconque de (P). Montrer qu'un rayon lumineux issu de F se réfléchit en M_0 sur (P) toujours parallèlement à $\overrightarrow{Oy}$.

c) Écrire l'équation de la tangente en M_0 à (P). En déduire que le segment OT découpé par la tangente sur $\overrightarrow{Oy}$ est égal à OK, ordonnée de M_0.

d) Écrire l'équation de la normale à (P) en M_0. En déduire que la « sous-normale » KN est égale au « paramètre » p.

Réponses : a) $y=\frac{x^2}{2p}$ b) $\left(\overrightarrow{M_0F},\overrightarrow{M_0T}\right)=\left(\overrightarrow{M_0T},\overrightarrow{M_0H}\right)$

c) $y=\frac{x_0}{p}\left(x-\frac{x_0}{2}\right) \Rightarrow T(O,-y_0)$

d) $y=-\frac{p}{x_0}x+y_0+p \Rightarrow N(O,y_0+p)$

B4 – *Satellite terrestre*

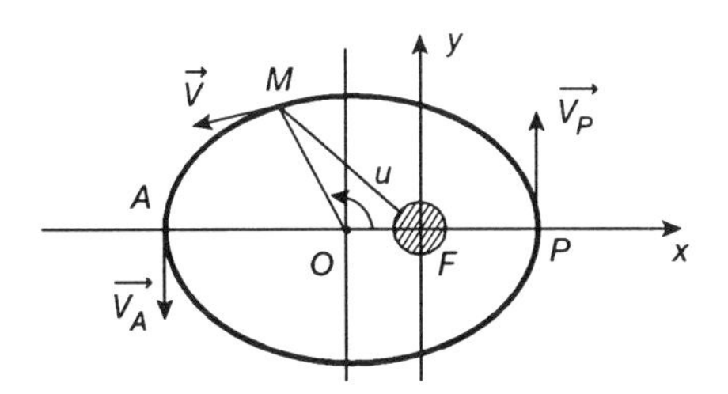

Un satellite de la terre, lancé d'un point P avec une vitesse $\overrightarrow{V_P}$ perpendiculaire à FP, décrit une orbite elliptique selon les équations paramétriques suivantes :

$$\begin{cases} x=a(\cos u-e) & a=\frac{1}{2}\text{ grand axe} \\ y=a\sqrt{1-e^2}\sin u & e=\text{excentricité} \end{cases}$$

x et y sont les coordonnées de M dans le plan de référence $\overrightarrow{Fx}$, $\overrightarrow{Fy}$ ayant la Terre comme centre (et foyer de l'orbite). $u=(\overrightarrow{Ox}, \overrightarrow{OM})$ est l'angle formé par $\overrightarrow{OM}$ avec $\overrightarrow{Ox}$, O étant le centre de l'orbite, il est appelé «anomalie excentrique» et relié au temps t par l'équation :

$$u - e\sin u = \frac{2\pi}{T}t \qquad T = \text{période de l'orbite}$$

a) Calculer les composantes $\frac{dx}{dt}$ et $\frac{dy}{dt}$ du vecteur vitesse $\vec{V}$ en chaque point M de paramètre u, en fonction de a, e, T.

b) Montrer que le rapport entre les vitesses de passage du satellite à l'«apogée» A et au «périgée» P vaut $\dfrac{\|\vec{V}_A^L\|}{\|\vec{V}_P^L\|} = \dfrac{1-e}{1+e}$.

Réponse : $\dfrac{dx}{dt} = -\dfrac{2\pi a}{T} \cdot \dfrac{\sin u}{1 - e\cos u} \qquad \dfrac{dy}{dt} = \dfrac{2\pi a}{T} \cdot \dfrac{\sqrt{1-e^2}\cos u}{1 - e\cos u}$

B5 – *Système articulé «bielle – manivelle prolongée»*

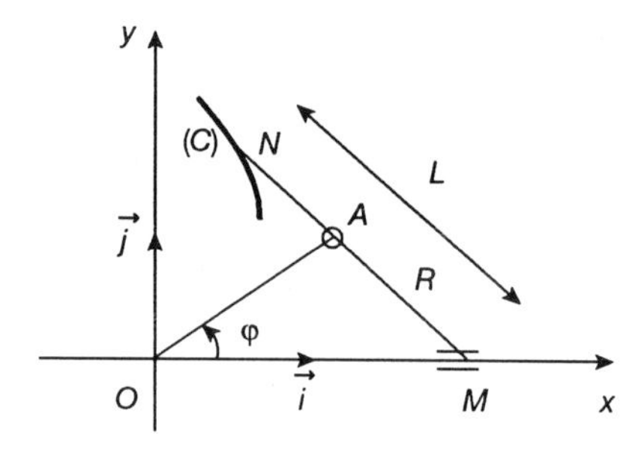

Un système articulé au point A comporte :

- une «manivelle» OA de longueur R tournant autour d'un point O fixe
- une «bielle prolongée» MN de longueur totale $L > R$, dont l'extrémité M est assujettie à se déplacer sur $\overrightarrow{Ox}$, articulée en A à la bielle de telle sorte que $\|MA\| = R$, dont l'extrémité N est libre.

a) Déterminer les composantes du vecteur $\overrightarrow{ON}$ en fonction de l'angle $\varphi = (\overrightarrow{Ox}, \overrightarrow{OA})$ et des coordonnées du point $N(x, y)$.

b) En déduire l'équation algébrique de la courbe (C) décrite par le point N lorsque φ varie de 0 à 2π.

Réponse : Ellipse d'équation réduite $\dfrac{x^2}{(2R-L)^2} + \dfrac{y^2}{L^2} = 1$

B6 – *Ellipse d'inertie d'une section de poutre*

Soient I_X et I_Y les moments d'inertie d'une section de poutre par rapport à ses axes principaux d'inertie. Le moment d'inertie de cette section par rapport à un axe $\overrightarrow{OU}$ formant l'angle α avec $\overrightarrow{OX}$ est :

$$I_U = I_X \cos^2 \alpha + I_Y \sin^2 \alpha$$

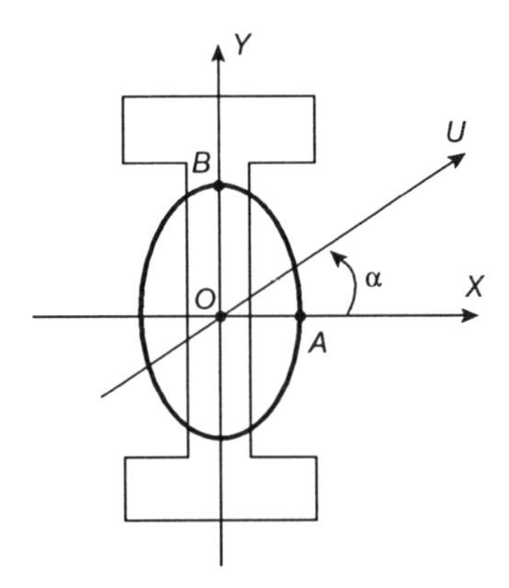

Montrer que, lorsque α varie, le lieu du point M de coordonnées

$$\left(\frac{\cos\alpha}{\sqrt{I_U}}, \frac{\sin\alpha}{\sqrt{I_U}}\right)$$

est une ellipse de 1/2 axes $OA = \dfrac{1}{\sqrt{I_X}}$ et $OB = \dfrac{1}{\sqrt{I_Y}}$.

SOLUTIONS

Solutions

1. Nombres complexes

A3 – Posons $z = x + \mathrm{i}y$ (forme algébrique), on a 2 inconnues x et y à déterminer :

$$|z| = \sqrt{x^2 + y^2} \qquad |2 - z| = \sqrt{(2-x)^2 + y^2} \qquad \left|\frac{4}{z}\right| = \frac{4}{|z|} = \frac{4}{\sqrt{x^2 + y^2}}$$

$\Rightarrow x^2 + y^2 = 4$ et $0 = 4 - 4x$

On en déduit x = 1 et $y = \pm\sqrt{3}$ Il y a donc 2 solutions pour z :

$z = 1 + \mathrm{i}\sqrt{3}$ et $\bar{z} = 1 - \mathrm{i}\sqrt{3}$, imaginaires conjuguées.

A4 – a) Il s'agit de déterminer $z = x + \mathrm{i}y$ de telle sorte que $z = \sqrt{11 + 4\sqrt{3}\,\mathrm{i}}$.

Élevant au carré, on obtient :

$x^2 - y^2 = 11$ (1) et $xy = 2\sqrt{3}$ (2)

Par ailleurs, le module du carré de z est égal au module de $11 + 4\sqrt{3}\,\mathrm{i}$:

$x^2 + y^2 = 13$ (3)

(1) et (3) $\Rightarrow \begin{cases} x^2 = 12 \\ y^2 = 1 \end{cases} \Rightarrow \begin{cases} x = \pm 2\sqrt{3} \\ y = \pm 1 \end{cases}$

La relation (2) impose que x et y soient de même signe. On obtient donc deux racines carrées opposées :

$z_1 = 2\sqrt{3} + \mathrm{i}$ et $z_2 = -z_1 = -2\sqrt{3} - \mathrm{i}$

b) Il s'agit de déterminer $z = x + \mathrm{i}y$ de telle sorte que $z^4 = -7 + 24\,\mathrm{i}$. Posons $Z = z^2$ et déterminons d'abord $Z = X + \mathrm{i}Y$ tel que $Z^2 = -7 + 24\,\mathrm{i}$:

$$\begin{cases} X^2 - Y^2 = -7 \\ X^2 + Y^2 = 25 \end{cases} \Rightarrow \begin{cases} X = \pm 3 \\ Y = \pm 4 \end{cases}$$

Comme $XY = 12$, on obtient 2 solutions opposées $Z_1 = 3 + 4\,\mathrm{i}$ et $Z_2 = -3 - 4\,\mathrm{i}$.

Déterminons maintenant $z = x + \mathrm{i}y$ de telle sorte que $z^2 = Z_1$.

$$\begin{cases} x^2 - y^2 = 3 \\ x^2 + y^2 = 5 \end{cases} \Rightarrow \begin{cases} x = \pm 2 \\ y = \pm 1 \end{cases} \quad xy = 2 \quad \Rightarrow \begin{cases} z_1 = 2 + \mathrm{i} \\ z_2 = -2 - \mathrm{i} \end{cases}$$

Déterminons enfin $z = x + iy$ de telle sorte que $z^2 = Z_2$:

$$\begin{cases} x^2 - y^2 = -3 \\ x^2 + y^2 = 5 \end{cases} \Rightarrow \begin{cases} x = \pm 1 \\ y = \pm 2 \end{cases} \quad xy = -2 \quad \Rightarrow \begin{cases} z_3 = 1 - 2\,i \\ z_4 = -1 + 2\,i \end{cases}$$

On obtient en tout quatre racines quatrièmes, deux à deux opposées :

$$\pm(2 + i) \quad \text{et} \quad \pm(1 - 2\,i)$$

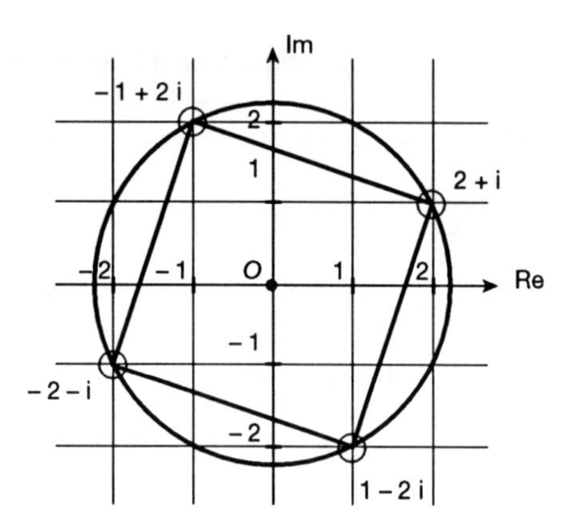

On peut remarquer que les 4 points-images des affixes des 4 racines sont situées sur un carré inscrit dans un cercle de rayon $\sqrt{5}$, ce qui est conforme aux propriétés générales des racines n^{ièmes} d'un nombre complexe (*cf.* exercice A7).

A8 – a) Exprimons $1 + i\sqrt{3}$ sous forme exponentielle

$$\begin{cases} \text{module} = \sqrt{1+3} = 2 \\ \text{argument } \tan\theta = \sqrt{3} \quad \Rightarrow \quad \theta = \dfrac{\pi}{3} \end{cases}$$

D'où $\left(1 + i\sqrt{3}\right)^{59} = \left(2\,e^{i\frac{\pi}{3}}\right)^{59} = 2^{59}.e^{i\frac{59\pi}{3}} = 2^{59}.e^{-\frac{i\pi}{3}}$ (puisque $e^{i20\pi} = 1$)

On en déduit que :

$$\left(1 + i\sqrt{3}\right)^{59} = 2^{59}.\left[\cos\left(-\frac{\pi}{3}\right) + i\sin\left(-\frac{\pi}{3}\right)\right] = 2^{59}.\frac{1 - i\sqrt{3}}{2}$$

D'où la relation demandée.

b) Exprimons 1 + i et 1 – i sous forme exponentielle :

$1 + i = \sqrt{2}\,e^{i\frac{\pi}{4}}$ et $1 - i = \sqrt{2}\,e^{i\frac{\pi}{4}}$

D'où $(1+i)^n + (1-i)^n = \left(\sqrt{2}\right)^n\left[e^{i\frac{n\pi}{4}} + e^{-i\frac{n\pi}{4}}\right]$

Appliquons alors la formule d'Euler, on obtient :

$$\left(\sqrt{2}\right)^n.2.\cos\frac{n\pi}{4}=2^{\frac{n}{2}+1}.\cos\frac{n\pi}{4}$$

A10 – «Linéariser» une expression trigonométrique faisant intervenir des puissances entières de cos θ et sin θ, de la forme générale $(\cos\theta)^p\ .\ (\sin\theta)^q$, signifie l'exprimer en fonction uniquement des sinus et des cosinus de l'arc θ ou des arcs multiples 2 θ, 3 θ, ...

a) Développons par la formule du binôme de Newton l'expression d'Euler de cos θ, élevée à la puissance 5 :

$$(\cos\theta)^5=\frac{1}{2^5}\left(e^{i\theta}+e^{-i\theta}\right)^5=$$

$$\frac{1}{32}\left(e^{5i\theta}+5e^{3i\theta}+10e^{i\theta}+10e^{-i\theta}+5e^{-3i\theta}+e^{-5i\theta}\right)$$

En regroupant 2 à 2 les termes faisant intervenir des arguments opposés, on voit que :

$$(\cos\theta)^5=\frac{1}{16}(\cos5\theta+5\cos3\theta+10\cos\theta)$$

b) On peut remarquer, compte tenu que $\sin 2\theta = 2\sin\theta\ .\ \cos\theta$, que :

$32\cos\theta\ .\ (\sin\theta)^5 = 16\ .\ \sin 2\theta\ .\ (\sin\theta)^4$

$$(\sin\theta)^4=\frac{1}{(2i)^4}\left(e^{i\theta}-e^{-i\theta}\right)^4=\frac{1}{16}\left(e^{4i\theta}-4e^{2i\theta}+6e^{i\theta}-4e^{-2i\theta}+e^{-4i\theta}\right)$$

d'où $(\sin\theta)^4=\frac{1}{8}(\cos4\theta-4\cos2\theta+3)$

En appliquant maintenant les formules trigonométriques de transformation :

$\sin2\theta.\cos4\theta=\frac{1}{2}(\sin6\theta-\sin2\theta)$ et $2\sin 2\theta\ .\ \cos 2\theta = \sin 4\theta$, on obtient finalement :

$$32\cos\theta\ .\ (\sin\theta)^5 = \sin 6\theta - 4\sin 4\theta + 5\sin 2\theta$$

A12 – a) Exprimons que le module de Z reste égal à 1 :

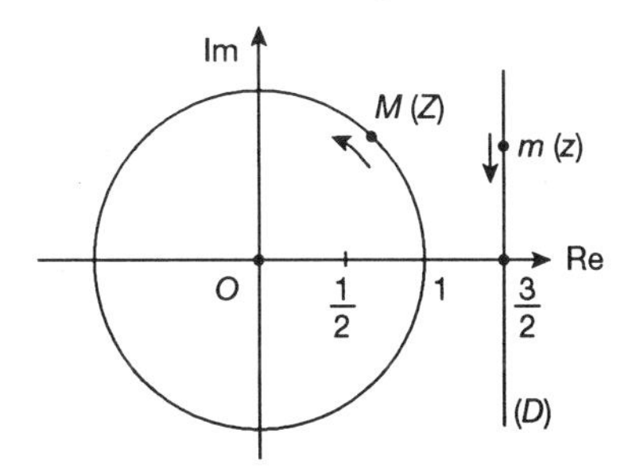

$$|Z|=\frac{|z-2|}{|z-1|}=\frac{|x+iy-2|}{|x+iy-1|}=\frac{\sqrt{(x-2)^2+y^2}}{\sqrt{(x-1)^2+y^2}}=1$$

On obtient : $(x-2)^2=(x-1)^2 \quad \Rightarrow \quad x=\frac{3}{2}$

La partie réelle du nombre complexe z reste égale à 3/2. Le lieu du point m d'affixe z est donc la droite (D) parallèle à $\overrightarrow{Oy}$ d'abscisse 3/2.

b) Remplaçons z par iω dans l'expression de Z et simplifions :

$$Z=\frac{-2+i\omega}{-1+i\omega}=\frac{(-2+i\omega)(-1-i\omega)}{1+\omega^2}=\frac{\omega^2+2+i\omega}{\omega^2+1}$$

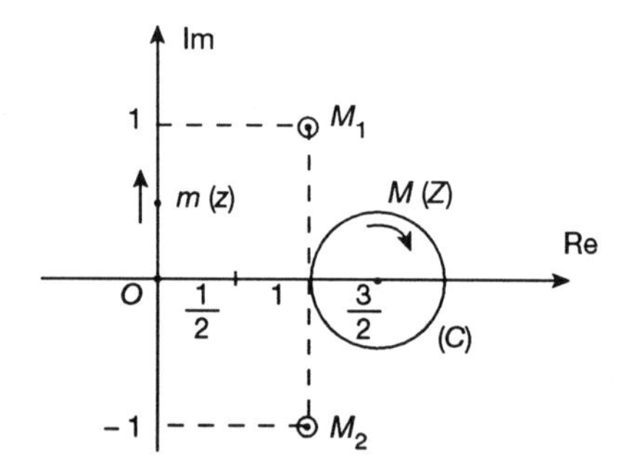

Les coordonnées X et Y du point M d'affixe Z sont donc définies par

$$X=\frac{\omega^2+2}{\omega^2+1}$$

$$Y=\frac{\omega}{\omega^2+1}$$

En éliminant ω, on obtient la relation entre X et Y :

$$\omega^2+1=\frac{1}{X-1} \quad \Rightarrow \quad \omega=\pm\sqrt{\frac{2-X}{X-1}}$$

$$Y=\pm\sqrt{\frac{2-X}{X-1}}.(X-1) \quad \Rightarrow \quad Y^2=-X^2+3X-2$$

qu'on peut écrire $Y^2+\left(X-\frac{3}{2}\right)^2=\left(\frac{1}{2}\right)^2$

Sous cette forme, on reconnaît l'équation d'un cercle (C) de centre $\left(\frac{3}{2},0\right)$ de rayon $\frac{1}{2}$, qui est le lieu de M.

c) Les «invariants» de la transformation sont les points dont les transformés coïncident avec les origines. Ils sont définis par $Z = z$:

$$\frac{z-2}{z-1}=z \quad \Rightarrow \quad z^2-2z+2=0 \quad \Rightarrow \quad z_1=1+\mathrm{i} \quad \text{et} \quad z_2=1-\mathrm{i}$$

Il y a donc 2 points invariants M_1 (1, 1) et M_2 (1, – 1).

A14 – Considérons les fonctions sinusoïdales comme les parties réelles d'exponentielles imaginaires :

$$\cos\left(\omega t-\frac{\pi}{3}\right)=\mathrm{Re}\left[\mathrm{e}^{\,\mathrm{i}\left(\omega t-\frac{\pi}{3}\right)}\right]$$

$$\text{et} \quad \sin\left(\omega t+\frac{\pi}{4}\right)=\cos\left(\omega t-\frac{\pi}{4}\right)=\mathrm{Re}\left[\mathrm{e}^{\,\mathrm{i}\left(\omega t-\frac{\pi}{4}\right)}\right]$$

$$\text{D'où : } \cos\left(\omega t-\frac{\pi}{3}\right)-2\sin\left(\omega t+\frac{\pi}{4}\right)=\mathrm{Re}\left\{\mathrm{e}^{\,\mathrm{i}\omega t}.\left[e^{-\mathrm{i}\frac{\pi}{3}}-2e^{-\mathrm{i}\frac{\pi}{4}}\right]\right\} \qquad (1)$$

le nombre complexe entre crochets vaut

$$\frac{1}{2}-\mathrm{i}\frac{\sqrt{3}}{2}-2\left(\frac{\sqrt{2}}{2}-\mathrm{i}\frac{\sqrt{2}}{2}\right)=\frac{1-2\sqrt{2}+\mathrm{i}\left(2\sqrt{2}-\sqrt{3}\right)}{2}$$

il peut être exprimé sous forme exponentielle $A\,\mathrm{e}^{\mathrm{i}\varphi}$, avec :

$$\begin{cases} |A|=\frac{1}{2}\sqrt{\left(1-2\sqrt{2}\right)^2+\left(2\sqrt{2}-\sqrt{3}\right)^2}=\sqrt{5-\left(\sqrt{2}+\sqrt{6}\right)}=1{,}96\ldots \\ \tan\varphi=\dfrac{2\sqrt{2}-\sqrt{3}}{1-2\sqrt{2}}=-0{,}604\ldots \quad \text{d'où } \varphi=-31{,}1°\ldots \end{cases}$$

Ainsi, la différence donnée peut s'exprimer, compte tenu de (1), par :

$$\cos\left(\omega t-\frac{\pi}{3}\right)-2\sin\left(\omega t+\frac{\pi}{4}\right)=1{,}96\cos\left(\omega t-31{,}1°\right)$$

B3 – La tension aux bornes de l'ensemble des 2 circuits est définie par la loi d'Ohm en valeurs complexes :

$U = Z\,.\,I$ avec $Z = Z_1 + Z_2$ (2 impédances en série).

$u\,(t)$ est la partie réelle de U

$i\,(t) = 4\cos\omega t$ est la partie réelle de $I = 4\,\mathrm{e}^{\mathrm{i}\omega t}$

Exprimons $Z=1+\sqrt{3}+\mathrm{i}\,2\sqrt{3}$ sous forme exponentielle :

$$|Z|=\sqrt{\left(1+\sqrt{3}\right)^2+\left(2\sqrt{3}\right)^2}=4{,}41 \qquad \tan\varphi=\frac{2\sqrt{3}}{1+\sqrt{3}}=1{,}266 \qquad \varphi=51{,}7°$$

La loi d'Ohm complexe s'écrit alors :

$U = 4{,}41\ \mathrm{e}^{\mathrm{i}\,51{,}7°} \,.\, 4\ \mathrm{e}^{\mathrm{i}\omega t} = 17{,}6\ \mathrm{e}^{\mathrm{i}\,(\omega t + 51{,}7°)}$

On en déduit $u\ (t) = \mathrm{Re}\ (U) = 17{,}6 \cos\ (\omega t + 51{,}7°)$

L'amplitude de la tension est donc $U_0 = 17{,}6$ volt et son déphasage par rapport à $i\ (t)$ est de 51,7° en avance.

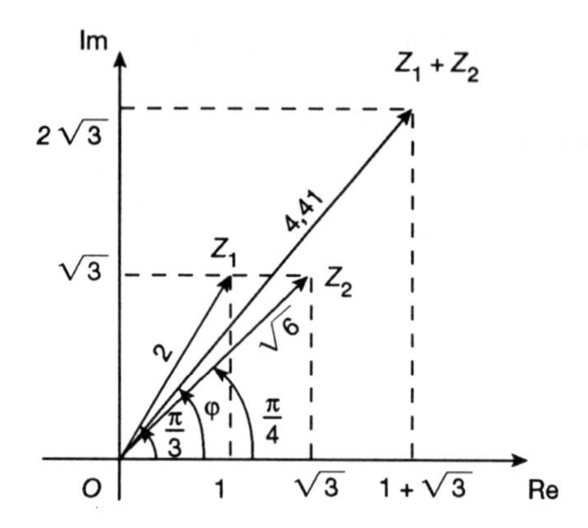

Remarque : Dans la pratique, on détermine souvent l'impédance complexe d'un circuit série par une construction géométrique, qui consiste à faire la somme vectorielle des vecteurs images de Z_1 et Z_2 pour obtenir celui de $Z = Z_1 + Z_2$.

Solutions

2. Polynômes, division, factorisation

A3 – b) Pour diviser 2 polynômes, on pose et on effectue la division comme pour des nombres entiers, en prévoyant un espace pour les puissances manquantes : chaque quotient partiel est multiplié par le polynôme diviseur, puis retranché de la portion de même puissance du polynôme dividende :

$$
\begin{array}{rrrrrr|l}
x^5 & +2x^3 & & -3x & -2 & & x^3 \quad +x+1 \\
-x^5 & -x^3 & -x^2 & & & & \\
\hline
 & x^3 & -x^2 & -3x & -2 & & \boxed{x^2+1} \leftarrow \text{quotient } Q(x) \\
 & -x^3 & & -x & -1 & & \\
\hline
\text{reste } R(x) \rightarrow & & \boxed{-x^2} & \boxed{-4x} & \boxed{-3} & &
\end{array}
$$

La division est arrêtée lorsque le degré du polynôme $R(x)$, soit 2, est strictement inférieur au degré du polynôme $Q(x)$, soit 3.

A4 – a) La division de 2 polynômes selon les puissances croissantes s'effectue selon le même principe que celui de la division euclidienne, mais il faut préciser maintenant l'ordre r auquel on doit arrêter la division : en effet, les degrés des 2 polynômes $Q(x)$ et $R(x)$ croissent au fur et à mesure que l'on poursuit l'opération :

$$
\begin{array}{rrrrr|l}
2 & & +x^2 & & & 1-x+3x^2 \\
-2 & +2x & -6x^2 & & & \\
\hline
 & 2x & -5x^2 & & & \boxed{2+2x-3x^2} \leftarrow \text{quotient } S(x) \\
 & -2x & +2x^2 & -6x^3 & & \\
\hline
 & & -3x^2 & -6x^3 & & \\
 & & +3x^2 & -3x^3 & +9x^4 & \\
\hline
\text{reste } x^3\,T(x) \rightarrow & & & \boxed{-9x^3+9x^4} & &
\end{array}
$$

La division est arrêtée ici à l'ordre 2, le terme x^3 apparaît donc en facteur dans le polynôme reste. On obtient alors l'égalité :

$$2 + x^2 = (1 - x + 3\,x^2)\,(2 + 2\,x - 3\,x^2) + 9\,x^3\,(-1 + x)$$

A7 – $P(x)$ étant un polynôme à coefficients réels admettra aussi la racine imaginaire conjuguée de la racine complexe de module 1. En appelant $a + ib$ et $a - ib$ ces 2 racines, on aura la relation $a^2 + b^2 = 1$ et le polynôme $P(x)$ contiendra en facteur le trinôme du 2nd degré $(x - a)^2 + b^2 = x^2 - 2\,a\,x + 1$.

Par ailleurs, $P(x)$ étant de degré 3, la 3e racine est réelle. En appelant c cette 3e racine, le polynôme $P(x)$ sera de la forme :

$$P(x) = (x - c)\,(x^2 - 2\,a\,x + 1) = x^3 - (2\,a + c)\,x^2 + (2\,a\,c + 1)\,x - c.$$

En identifiant cette expression avec celle qui est donnée, on obtient :

$$\begin{cases} 2a + c = \lambda + \dfrac{1}{3} \\ 2ac + 1 = \dfrac{5}{3} \\ \lambda = c \end{cases} \Rightarrow \begin{cases} \lambda = 2 \\ c = 2 \\ a = \dfrac{1}{6}\left(b = \pm\dfrac{\sqrt{35}}{6}\right) \end{cases} \Rightarrow \quad P(x) = (x-2)\left(x^2 - \frac{x}{3} + 1\right)$$

A9 – Considérons le polynôme $P_1(x) = P(x) - 3$: ce polynôme est divisible par $x - 1$, $x + 1$ et $x + 2$, et il est de degré 3 ; il est donc de la forme :

$$P_1(x) = a\,(x - 1)\,(x + 1)\,(x + 2) = a\,(x^3 + 2\,x^2 - x - 2)$$

Pour déterminer le coefficient a, écrivons que $P_1(0) = P(0) - 3 = -2$:

$$-2 = -2\,a \quad \text{d'où} \quad a = 1 \quad \text{et} \quad P(x) = x^3 + 2\,x^2 - x + 1$$

B2 – a) Écrivons successivement tous les termes de la suite :

$$\begin{matrix} k = 0 \\ k = 1 \\ k = 2 \\ \\ k = n - 1 \end{matrix} \quad \begin{cases} P_0 = a_n \\ P_1 = x\,P_0 + a_{n-1} \\ P_2 = x\,P_1 + a_{n-2} \\ \text{---------} \\ P_{n-1} = x\,P_{n-2} + a_1 \end{cases} \quad \text{soit} \quad \begin{cases} P_0 = a_n \\ P_1 = a_n\,x + a_{n-1} \\ P_2 = a_n\,x^2 + a_{n-1}\,x + a_{n-2} \\ \text{---------} \\ P_{n-1} = a_n\,x^{n-1} + \ldots + a_2\,x + a_1 \end{cases}$$

Pour $k = n$, le dernier terme de la suite sera :

$$P_n = x\,P_{n-1} + a_0 = x\,[a_n\,x^{n-1} + \ldots + a_2\,x + a_1] + a_0$$

soit $P_n(x) = a_n\,x^n + a_{n-1}\,x^{n-1} + \ldots + a_1\,x + a_0$

b) Écrivons de la même façon tous les termes de la suite des polynômes dérivés :

$$
\begin{array}{ll}
k=0 \\ k=1 \\ k=2 \\ k=3 \\ \\ k=n-1
\end{array}
\left\{\begin{array}{l}
P'_0=0 \\
P'_1=x\,P'_0+P_0 \\
P'_2=x\,P'_1+P_1 \\
P'_3=x\,P'_2+P_2 \\
\text{---------} \\
P'_{n-1}=x\,P'_{n-2}+P_{n-2}
\end{array}\right.
\quad \text{soit} \quad
\left\{\begin{array}{l}
P'_0=0 \\
P'_1=a_n \\
P'_2=2\,a_n x+a_{n-1} \\
P'_3=3\,a_n x^2+2\,a_{n-1}x+a_{n-2} \\
\text{---------} \\
P'_{n-1}=(n-1)\,a_n x^{n-2}+\ldots \\
+2\,a_3 x+a_2
\end{array}\right.
$$

Pour $k = n$, le dernier terme de la suite sera :

$$P'_n=x\,P'_{n-1}+P_{n-1}=x\,[(n-1)\,a_n x^{n-2}+\ldots+2\,a_3 x+a_2]$$
$$+\,[a_n x^{n-1}+\ldots+a_2 x+a_1]$$

soit $P'_n(x)=n\,a_n x^{n-1}+(n-1)\,a_{n-1}x^{n-2}+\ldots+2\,a_2 x+a_1$

B3 – Considérons les 2 angles α et β dans les triangles rectangles *ABD* et *DCA* :

$$\cos\alpha=\frac{x}{L_1} \qquad \cos\beta=\frac{x}{L_2} \tag{1}$$

Ces 2 angles sont également définis dans les 2 triangles rectangles *AMH* et *DHM* par :

$$\cot\alpha=\frac{AH}{h} \quad \text{et} \quad \cot\beta=\frac{HD}{h}$$

$$\text{avec} \quad x=AH+HD=h\,(\cot\alpha+\cot\beta)=h\left(\frac{\cos\alpha}{\sqrt{1-\cos^2\alpha}}+\frac{\cos\beta}{\sqrt{1-\cos^2\beta}}\right)$$

En remplaçant dans cette relation cos α et cos β par leurs valeurs tirées de (1), on obtient :

$$\frac{1}{h}=\frac{1}{\sqrt{L_1^2-x^2}}+\frac{1}{\sqrt{L_2^2-x^2}}$$

$$\text{soit } h\left(\sqrt{L_2^2-x^2}+\sqrt{L_1^2-x^2}\right)=\sqrt{\left(L_2^2-x^2\right)\left(L_1^2-x^2\right)} \tag{2}$$

Pour résoudre cette équation, il est indiqué ici de faire appel à une méthode de calcul numérique (en effet, 2 élévations au carré seraient nécessaires pour éliminer les radicaux, ce qui conduirait à une équation du 4e degré en x).

Avec les valeurs numériques de l'énoncé, l'équation (2) s'écrit :

$$\sqrt{49-x^2}+\sqrt{64-x^2}=\sqrt{(49-x^2)(64-x^2)}$$

Posons $X = 49 - x^2$, inconnue auxiliaire, et élevons une fois au carré, on obtient :

$$\sqrt{X}+\sqrt{X+15}=\sqrt{X(X+15)} \quad \text{soit} \quad X=\frac{1}{13}\left[2\sqrt{X(X+15)}-X^2+15\right]$$

En appliquant la méthode d'itération à la résolution de cette équation $X = g(X)$, en partant de la valeur $X_1 = 2$, on obtient la racine $X_0 = 1{,}738\ldots$, d'où l'on déduit $x=\sqrt{49-X_0} \simeq 6{,}87\ldots m$.

Solutions

3. Fractions rationnelles, décomposition

A3 – a) *1re étape :* le degré du numérateur étant supérieur à celui du dénominateur, la décomposition de $F(x)$ comporte une partie entière, que l'on obtient en divisant le polynône $P_1(x) = 2x^4 - 5x^3 - 5x^2 + 21x - 8$ par le polynôme $P_2(x) = x^3 - 3x^2 + 4$ d'où :

$Q(x) = 2x + 1$ et $R(x) = -2x^2 + 13x - 12$

Soit $F(x) = 2x + 1 + \dfrac{-2x^2 + 13x - 12}{x^3 - 3x^2 + 4}$

2e étape : les pôles de $F(x)$ sont les racines de l'équation $x^3 - 3x^2 + 4 = 0$: la racine $x = -1$ est évidente et, en divisant $x^3 - 3x^2 + 4$ par $x + 1$, on obtient $x^2 - 4x + 4 = (x-2)^2$, d'où la racine $x = 2$ double.

3e étape : les pôles de $F(x)$ étant réels, la décomposition de la fraction $\dfrac{R(x)}{P_2(x)}$ comporte une partie principale avec un seul terme pour le pôle -1 et une partie principale avec 2 termes pour le pôle 2 :

$$\frac{-2x^2 + 13x - 12}{x^3 - 3x^2 + 4} = \frac{A}{x+1} + \frac{B_2}{(x-2)^2} + \frac{B_1}{x-2} \qquad (1)$$

4e étape : on peut calculer directement A et B_2 :

$$A = \left[\frac{-2x^2 + 13x - 12}{(x-2)^2}\right]_{x=-1} = -3 \qquad B_2 = \left[\frac{-2x^2 + 13x - 12}{x+1}\right]_{x=2} = 2$$

Le coefficient restant B_1 peut être calculé en faisant $x = 0$ dans la relation (1) :

$$-\frac{12}{4} = -3 + \frac{2}{4} - \frac{B_1}{2} \qquad \text{d'où} \quad B_1 = 1$$

On obtient ainsi $F(x) = 2x + 1 - \dfrac{3}{x+1} + \dfrac{2}{(x-2)^2} + \dfrac{1}{x-2}$.

c) *1re étape :* le degré de $F(x)$ étant négatif, sa décomposition ne comportera pas de partie entière.

2e étape : les 5 pôles de $F(x)$ sont $x = 0$ simple et $x = \pm$ i imaginaires conjugués d'ordre 2.

3e étape : la décomposition de $F(x)$ comportera une partie principale avec 1 élément simple de 1re espèce pour le pôle 0 et 2 éléments simples de 2e espèce pour les pôles imaginaires conjugués :

$$\frac{2x+1}{x(x^2+1)^2} = \frac{A}{x} + \frac{A_2 x + B_2}{(x^2+1)^2} + \frac{A_1 x + B_1}{(x^2+1)} \tag{1}$$

4e étape : on peut calculer directement le coefficient $A = \left[\dfrac{2x+1}{(x^2+1)^2}\right]_{x=0} = 1$.

Les 4 coefficients restants peuvent être calculés en faisant $x = \pm 1$ et $x = \pm 2$ dans (1) :

$$\begin{cases} A_2 + B_2 + 2A_1 + 2B_1 = -1 \\ -A_2 + B_2 - 2A_1 + 2B_1 = 5 \\ 2A_2 + B_2 + 10A_1 + 5B_1 = -10 \\ -2A_2 + B_2 - 10A_1 + 5B_1 = 14 \end{cases} \Rightarrow \begin{cases} A_2 + 2A_1 = -3 \\ 2A_2 + 10A_1 = -12 \end{cases} \begin{cases} B_2 + 2B_1 = 2 \\ B_2 + 5B_1 = 2 \end{cases} \Rightarrow \begin{cases} A_2 = -1 \\ B_2 = 2 \\ A_1 = -1 \\ B_1 = 0 \end{cases}$$

d'où $\boxed{F(x) = \dfrac{1}{x} - \dfrac{x-2}{(x^2+1)^2} - \dfrac{x}{x^2+1}}$

A4 – a) En prenant la dérivée du logarithme népérien de $P(x)$, on obtient :

$$\ln P(x) = \ln(x - a_1) + \ln(x - a_2) + \ldots + \ln(x - a_n)$$

et $$\frac{P'(x)}{P(x)} = \frac{1}{x-a_1} + \frac{1}{x-a_2} + \ldots + \frac{1}{x-a_n} \tag{1}$$

b) En dérivant les 2 membres de l'équation (1), on obtient :

$$P(x).P''(x) - P'(x)^2 = -P(x)^2\left[\frac{1}{(x-a_1)^2} + \frac{1}{(x-a_2)^2} + \ldots + \frac{1}{(x-a_n)^2}\right]$$

Le 2e membre étant strictement négatif, l'équation $P(x) \, . \, P''(x) - P'(x)^2 = 0$ n'admettra aucune racine réelle :

A5 – b) *1re étape :* le degré de $F(x)$ étant négatif, sa décomposition n'admettra pas de partie entière.

2e étape : les 4 pôles de $F(x)$ sont $x = \pm\, \mathrm{i}$ imaginaires conjugués d'ordre 2.

3e étape : la décomposition de $F(x)$ sur $\mathbb{C}$ comportera 4 éléments simples de 1re espèce *sur* $\mathbb{C}$, avec des coefficients indéterminés 2 à 2 imaginaires conjugués pour les fractions élémentaires de même ordre :

$$\frac{2(x-2)}{(x+\mathrm{i})^2(x-\mathrm{i})^2} = \frac{C_2}{(x+\mathrm{i})^2} + \frac{C_1}{x+\mathrm{i}} + \frac{\overline{C_2}}{(x-\mathrm{i})^2} + \frac{\overline{C_1}}{x-\mathrm{i}} \qquad (1)$$

4e étape : on peut calculer directement les coefficients C_2 et $\overline{C_2}$:

$$C_2 = \left[\frac{2(x-2)}{(x-\mathrm{i})^2}\right]_{x=-\mathrm{i}} = 1 + \frac{\mathrm{i}}{2} \qquad \overline{C_2} = \left[\frac{2(x-2)}{(x+\mathrm{i})^2}\right]_{x=\mathrm{i}} = 1 - \frac{\mathrm{i}}{2}$$

Pour calculer les 2 coefficients restants C_1 et $\overline{C_1}$, on peut donner à x des valeurs particulières dans la relation (1), soit sur $\mathbb{R}$ soit sur $\mathbb{C}$, par exemple :

Pour $x = 0$, on obtient $-4 = -1 - \frac{\mathrm{i}}{2} + \frac{C_1}{\mathrm{i}} - 1 + \frac{\mathrm{i}}{2} - \frac{\overline{C_1}}{\mathrm{i}}$ soit $C_1 - \overline{C_1} = -2\mathrm{i}$

Pour $x = 2\,\mathrm{i}$, on obtient $\frac{4}{9}(\mathrm{i}-1) = -\frac{1}{9} - \frac{\mathrm{i}}{18} + \frac{C_1}{3\mathrm{i}} - 1 + \frac{\mathrm{i}}{2} + \frac{\overline{C_1}}{\mathrm{i}}$,

soit $C_1 + 3\overline{C_1} = 2\mathrm{i}$

On en déduit $C_1 = -\mathrm{i}$ et $\overline{C_1} = +\mathrm{i}$, d'où la décomposition de $F(x)$ dans $\mathbb{C}$:

$$\frac{2(x-2)}{(x^2+1)^2} = \frac{1+\frac{\mathrm{i}}{2}}{(x+\mathrm{i})^2} - \frac{\mathrm{i}}{x+\mathrm{i}} + \frac{1-\frac{\mathrm{i}}{2}}{(x-\mathrm{i})^2} + \frac{\mathrm{i}}{x-\mathrm{i}}$$

B1 – a) La relation de conjugaison pour l'objectif s'écrit :

$$\frac{1}{\overline{O_1A_1}} - \frac{1}{\overline{O_1A}} = \frac{1}{\overline{O_1F'_1}} \quad \text{soit} \quad \frac{1}{\mathrm{d}-f_2} - \frac{1}{x} = \frac{1}{f_1} \quad \text{d'où} \quad x = \frac{f_1(\mathrm{d}-f_2)}{f_1+f_2-\mathrm{d}}$$

b) La relation de conjugaison pour l'oculaire s'écrit :

$$\frac{1}{\overline{O_2A_2}}-\frac{1}{\overline{O_2A_1}}=\frac{1}{\overline{O_2F'_2}} \quad \text{soit} \quad \frac{1}{3\,\mathrm{d}}-\frac{1}{\overline{O_1A_1}-\mathrm{d}}=\frac{1}{f_2} \qquad (1)$$

Compte tenu de l'objectif, $\overline{O_1A_1}$ est défini par $\dfrac{1}{\overline{O_1A_1}}-\dfrac{1}{x}=\dfrac{1}{f_1}$

soit $\overline{O_1A_1}=\dfrac{f_1x}{f_1+x}$.

En remplaçant $\overline{O_1A_1}$ par sa valeur dans la relation (1), on obtient :

$$\frac{f_1+x}{(f_1-\mathrm{d})x-\mathrm{d}f_1}=\frac{f_2-3\,\mathrm{d}}{3\,\mathrm{d}f_2} \quad \text{soit} \quad x=\frac{f_1\mathrm{d}(3\,\mathrm{d}-4f_2)}{-\mathrm{d}(3\,\mathrm{d}-4f_2)+f_1(3\,\mathrm{d}-f_2)}$$

Solutions

4. Vecteurs, éléments de géométrie analytique

A4 – Le centre O du parallélépipède est défini par : $\overrightarrow{AO} = \frac{\vec{u}}{2} + \frac{\vec{v}}{2} + \frac{\vec{w}}{2}$

La 2e base vectorielle est définie par :

$$\begin{cases} \vec{u_1} = \overrightarrow{OB} = \overrightarrow{OA} + \overrightarrow{AB} = \frac{\vec{u}}{2} - \frac{\vec{v}}{2} - \frac{\vec{w}}{2} \\ \vec{v_1} = \overrightarrow{OC} = \overrightarrow{OA} + \overrightarrow{AC} = -\frac{\vec{u}}{2} + \frac{\vec{v}}{2} - \frac{\vec{w}}{2} \\ \vec{w_1} = \overrightarrow{OD} = \overrightarrow{OA} + \overrightarrow{AD} = -\frac{\vec{u}}{2} - \frac{\vec{v}}{2} + \frac{\vec{w}}{2} \end{cases}$$

Tout point M sera défini, dans le 2e repère, par :

$$\overrightarrow{OM} = x_1 \vec{u_1} + y_1 \vec{v_1} + z_1 \vec{w_1}$$

c'est-à-dire, compte tenu des relations précédentes :

$$\overrightarrow{OM} = \frac{x_1 - y_1 - z_1}{2} \vec{u} + \frac{-x_1 + y_1 - z_1}{2} \vec{v} + \frac{-x_1 - y_1 + z_1}{2} \vec{w}.$$

En comparant cette relation avec la relation :

$$\overrightarrow{OM} = \overrightarrow{OA} + \overrightarrow{AM} = \left(-\frac{1}{2} + x\right)\vec{u} + \left(-\frac{1}{2} + y\right)\vec{v} + \left(-\frac{1}{2} + z\right)\vec{w},$$

on obtient : $\begin{cases} 2x-1 = x_1 - y_1 - z_1 \\ 2y-1 = -x_1 + y_1 - z_1 \\ 2z-1 = -x_1 - y_1 + z_1 \end{cases}$ soit encore $\begin{cases} x_1 = 1 - y - z \\ y_1 = 1 - z - x \\ z_1 = 1 - x - y \end{cases}$

A6 – Géométriquement : les points M sont à l'intersection du cercle de diamètre AB et de la médiatrice de AB, qui passe par l'origine O puisque $\|OA\| = \|OB\| = 2$.

Analytiquement : on écrit que $\|\overrightarrow{MA}\| = \|\overrightarrow{MB}\|$ et que le produit scalaire $\overrightarrow{MA}\ \overrightarrow{MB} = 0$.

$$\overrightarrow{MA}\left(\sqrt{3}-x, 1-y\right) \quad \overrightarrow{MB}\left(-x, 2-y\right) \quad \Rightarrow \quad \begin{cases} y - \sqrt{3}\,x = 0 \\ \dfrac{2y^2}{3} - 2y + 1 = 0 \end{cases}$$

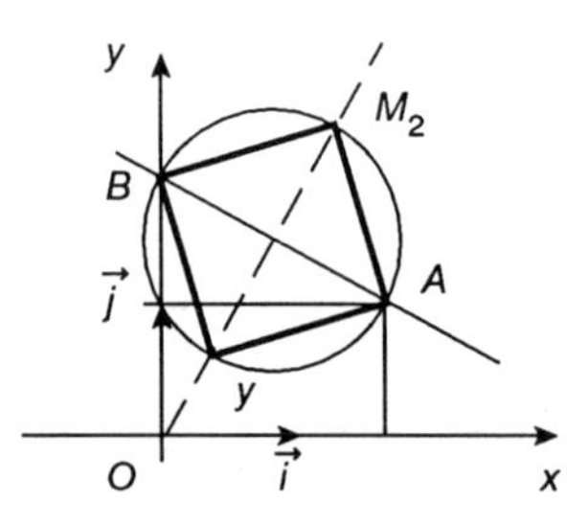

On obtient 2 solutions $M_1\left(\dfrac{\sqrt{3}-1}{2}, \dfrac{3-\sqrt{3}}{2}\right)$ et $M_2\left(\dfrac{\sqrt{3}+1}{2}, \dfrac{3+\sqrt{3}}{2}\right)$.

A10 – Équation de la droite AB : $y = 0 \Rightarrow \|M_0P\| = |y_0|$

Équation de la droite BC, passant par B $(a, 0)$, de vecteur directeur $\overrightarrow{BC}\left(-a, a\sqrt{3}\right)$:

$$\sqrt{3}\,x + y - a\sqrt{3} = 0 \quad \Rightarrow \quad \|M_0Q\| = \frac{\left|\sqrt{3}\,x_0 + y_0 - a\sqrt{3}\right|}{2}$$

Équation de la droite CA, passant par $C\left(0, a\sqrt{3}\right)$, de vecteur directeur $\overrightarrow{CA}\left(-a, -a\sqrt{3}\right)$:

$$\sqrt{3}\,x - y + a\sqrt{3} = 0 \quad \Rightarrow \quad \|M_0R\| = \frac{\left|\sqrt{3}\,x_0 - y_0 + a\sqrt{3}\right|}{2}$$

Comme M_0 est intérieur à ABC :

$$y_0 > 0,\ \sqrt{3}\,x_0 + y_0 - a\sqrt{3} < 0,\ \sqrt{3}\,x_0 - y_0 + a\sqrt{3} > 0,\ \Rightarrow$$

$$|y_0| = y_0$$
$$\left|\sqrt{3}\,x_0 + y_0 - a\sqrt{3}\right| = -\left(\sqrt{3}\,x_0 + y_0 - a\,3\right)$$
$$\left|\sqrt{3}\,x_0 - y_0 + a\sqrt{3}\right| = -\left(\sqrt{3}\,x_0 - y_0 + a\sqrt{3}\right)$$
$$\Rightarrow\ \|M\ \ P\| + \|M\ \ Q\| + \|M\ \ R\|\ \ \ a\sqrt{3}$$

Le résultat est indépendant de x_0 et y_0, et facilement vérifiable si on positionne M_0 en un des sommets du triangle ABC.

A11 – a) Un vecteur normal $\overrightarrow{N}$ du plan (P) peut être constitué par le produit vectoriel $\overrightarrow{OA} \wedge \overrightarrow{AC}$, C étant un point quelconque de (D).

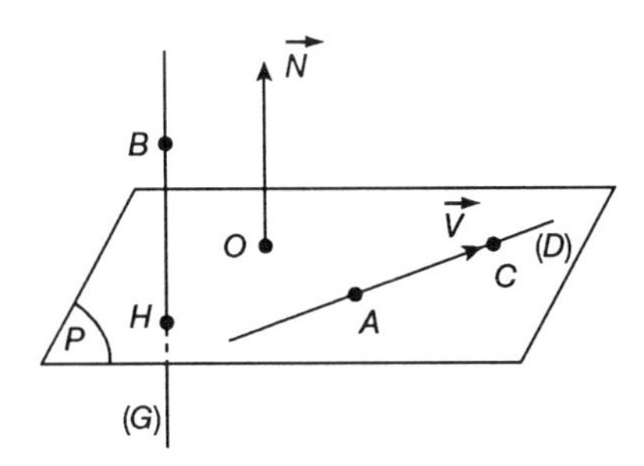

Équations paramétriques de (D) :

$$\begin{cases} x = 1 + 2t \\ y = t \\ z = -1 - t \end{cases} \quad \text{Prenons } C \text{ tel que } \ t = 1 \Rightarrow \begin{cases} C\,(3,\,1,\,-2) \\ \overrightarrow{AC}\,(2,1,-1) \end{cases}$$

$$\overrightarrow{N} = \overrightarrow{OA} \wedge \overrightarrow{AC} \ \Rightarrow\ \overrightarrow{N}\,(1,-1,1) \ \Rightarrow\ \text{équ. de } (P)\ \ x - y + z = 0 \qquad (1)$$

b) Les coordonnées de H peuvent être déterminées comme l'intersection de (P) avec la droite (G) passant par B de vecteur directeur $\overrightarrow{N}$. Équations paramétriques de (G) :

$$\begin{cases} x = 1 + \lambda \\ y = 2 - \lambda \\ z = -1 + \lambda \end{cases} \quad H \text{ dans } (P) \text{ équ. } (1) \ \Rightarrow \lambda = \frac{2}{3} \ \Rightarrow \ \text{coordonnées de } H : \left(x = \frac{5}{3},\ y = \frac{4}{3},\ z = -\frac{1}{3}\right)$$

A12 – a) Un vecteur normal $\vec{A}$ de (P) est donné par le produit vectoriel

$\overrightarrow{M_1M_2} \wedge \overrightarrow{M_1M_3}$

$$\left.\begin{array}{l}\overrightarrow{M_1M_2}\,(1,2,1)\\ \overrightarrow{M_1M_3}\,(3,1,3)\end{array}\right. \Rightarrow \vec{A}\,(5, 0, -5)$$

(P) défini par M_1 (0, 0, 1) de vecteur normal $\vec{A}$:

$\Rightarrow x - z + 1 = 0$ $\quad$ (P) est parallèle à $\overrightarrow{Oy}$

b) Le vecteur directeur de (D), $\vec{V}$ (2, – 2, 1), est un vecteur normal de (P)

$\Rightarrow \overrightarrow{MM_0}\,.\,\vec{V} = 0$

$2\,(x-1) - 2\,(y-4) + 1\,(z-3) = 0 \quad \Rightarrow \quad 2x - 2y + z + 3 = 0$

c) Le vecteur normal $\vec{N}$ de (P) doit être perpendiculaire au vecteur normal $\vec{U}$ (1, 1, – 1) de (π). De plus, (P) doit contenir un vecteur parallèle à $\vec{V}$ (1, 1, 2) $\Rightarrow$ son vecteur normal $\vec{N}$ doit être aussi perpendiculaire à $\vec{V}$: on en déduit que $\vec{N} = \vec{U} \wedge \vec{V}$.

$\vec{N}\,(3, -3, 0) \quad \Rightarrow \quad (P) \quad 3\,(x-0) - 3\,(y-2) + 0\,(z-1) = 0$

$x - y + 2 = 0$ $\quad$ (P) est parallèle à $\overrightarrow{Oz}$.

A13 – a) L'angle entre 2 plans est l'angle entre leurs vecteurs normaux :

$$\left.\begin{array}{l}\overrightarrow{N_1}\,(1, 1, -2)\\ \overrightarrow{N_2}\,(1, -1, -1)\end{array}\right. \Rightarrow \cos\theta = \frac{\overrightarrow{N_1}\,.\,\overrightarrow{N_2}}{\|\overrightarrow{N_1}\| \times \|\overrightarrow{N_2}\|} = \frac{\sqrt{2}}{3} \qquad \theta = \pm\, 61{,}9°$$

b) $$d = \frac{|a\,x_0 + b\,y_0 + c\,z_0 + \mathrm{d}|}{\sqrt{a^2 + b^2 + c^2}} \Rightarrow d = \frac{|1 + 4 - 2 - 2|}{\sqrt{(1)^2 + (-1)^2 + (1)^2}} \qquad d = \frac{1}{\sqrt{3}}$$

c) L'angle entre une droite et un plan est le complément à $\frac{\pi}{2}$ de l'angle entre un vecteur directeur de la droite et un vecteur normal du plan :

Pour (D) : $\overrightarrow{V}$ (6, 2, 3) Pour (P) horizontal : $\overrightarrow{N}$ (0, 0, 1)

$$\Rightarrow \cos\left(\frac{\pi}{2}-\varphi\right)=\sin\varphi=\frac{\overrightarrow{V}.\overrightarrow{N}}{\|\overrightarrow{V}\|\times\|\overrightarrow{N}\|}=\frac{3}{7} \qquad \begin{cases}\varphi = 25{,}4\ °\\ \varphi = 154{,}6\ °\end{cases}$$

B4 – $\cos\left(\overrightarrow{A_1A_2},\overrightarrow{A_1A_3}\right)=\dfrac{\overrightarrow{A_1A_2}.\overrightarrow{A_1A_3}}{\|\overrightarrow{A_1A_2}\|\times\|\overrightarrow{A_1A_3}\|}=\dfrac{\frac{1}{8}}{\frac{\sqrt{3}}{4}\times\frac{1}{2}}=\dfrac{1}{\sqrt{3}}$ $\qquad \alpha \approx 54{,}7°$

Les normes de $\overrightarrow{A_2A_1}$ et $\overrightarrow{A_2A_3}$ sont toutes les deux égales à $\dfrac{\sqrt{3}}{4}$ $\Rightarrow$ l'atome A_2 est dans le plan médiateur de A_1A_3.

B5 – a) Soit M (x, y) un point de (E). Les coordonnées de son symétrique par rapport à OM' $(-x, -y)$, satisfont aussi l'équation de (E).

b) Les nouvelles coordonnées (X, Y) d'un point M de (E) sont reliées aux anciennes (x, y) par :

$$\begin{cases} x = X\cos\alpha - Y\sin\alpha \\ y = X\sin\alpha + Y\sin\alpha \end{cases}$$

Portons ces valeurs dans l'équation de (E) et calculons le coefficient du terme en XY :

$$-2\sin\alpha\cos\alpha-\sqrt{3}\left(\cos^2\alpha-\sin^2\alpha\right)+4\sin\alpha\cos\alpha = \sin 2\alpha-\sqrt{3}\cos 2\alpha$$

Pour que ce coefficient soit nul, il faut que :

$$\tan 2\alpha=\sqrt{3} \quad \text{soit} \quad 2\alpha=\frac{\pi}{3}+k\pi \quad \text{et} \quad \alpha=\frac{\pi}{6}+k\frac{\pi}{2}$$

Avec la valeur $\alpha=\dfrac{\pi}{6}$, on a :

$$\begin{cases} x=X\dfrac{\sqrt{3}}{2}-\dfrac{Y}{2} \\ y=\dfrac{X}{2}+Y\dfrac{\sqrt{3}}{2} \end{cases}$$

et l'équation de (E) devient $\dfrac{X^2}{2}+\dfrac{5Y^2}{2}=1$.

B6 – D'une façon générale, pour que le moment résultant par rapport à G des forces de poids (dûes aux masses) soit nul, il faut que :

$$\overrightarrow{GA} \wedge \overrightarrow{M_A g} + \overrightarrow{GB} \wedge \overrightarrow{M_B g} + \overrightarrow{GC} \wedge \overrightarrow{M_C g} = \overrightarrow{O}$$

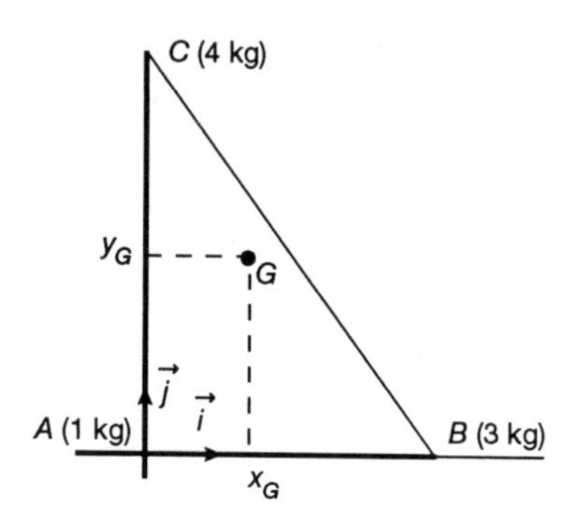

Lorsque la plaque est horizontale, les 3 forces (verticales) sont perpendiculaires aux bras de levier $\overrightarrow{GA}$, $\overrightarrow{GB}$, $\overrightarrow{GC}$, il suffit donc que :

$$1.\overrightarrow{GA} + 3.\overrightarrow{GB} + 4.\overrightarrow{GC} = \overrightarrow{O} \qquad (1)$$

C'est-à-dire que G soit le barycentre des points A, B, C affectés des masses 1, 3, 4 respectivement.

Pour déterminer la position de G dans le plan de la plaque, choisissons comme repère $(O, \vec{i}, \vec{j})$: O en A, $\vec{i}$ unitaire le long de $\overrightarrow{AB}$, $\vec{j}$ unitaire le long de $\overrightarrow{AC}$ (le triangle ABC est rectangle en A puisque $\overline{AB}^2 + \overline{AC}^2 = \overline{BC}^2$).

Projections de (1) sur $\overrightarrow{Ox}$ et sur $\overrightarrow{Oy}$:

$$\begin{cases} (O - x_G) + 3\,(3\,O - x_G) + 4\,(O - x_G) = 0 \\ (O - y_G) + 3\,(O - y_G) + 4\,(4\,O - y_G) = 0 \end{cases} \Rightarrow \begin{cases} x_G = 11{,}25 \text{ cm.} \\ y_G = 20 \text{ cm.} \end{cases}$$

Solutions

5. Déterminants

A2 – a)

$$\Delta = 3\times\begin{vmatrix} 0 & 1 \\ -1 & 3 \end{vmatrix} - 2\times\begin{vmatrix} 4 & -2 \\ -1 & 3 \end{vmatrix} + 1\times\begin{vmatrix} 4 & -2 \\ 0 & 1 \end{vmatrix} = 3\times 1 - 2\times 15 + 1\times 4 = -23$$

$$\Delta = -2\times\begin{vmatrix} 4 & -2 \\ -1 & 3 \end{vmatrix} - 1\times\begin{vmatrix} 3 & 4 \\ 1 & -1 \end{vmatrix} = -2\times 15 - 1\times(-7) = -23$$

c)

$$\Delta = 1\times\begin{vmatrix} 1 & 0 & 1 \\ 3 & -1 & 2 \\ 1 & 0 & 1 \end{vmatrix} + 4\times\begin{vmatrix} 2 & 1 & 0 \\ 1 & 0 & 1 \\ 1 & 0 & 1 \end{vmatrix} - 1\times\begin{vmatrix} 2 & 1 & 0 \\ 1 & 0 & 1 \\ 3 & -1 & 2 \end{vmatrix} = -1\times 0 + 4\times 0 - 1\times 3 = -3$$

$$\Delta = 1\times\begin{vmatrix} 1 & 1 & 0 \\ 4 & -1 & 2 \\ 1 & 0 & 1 \end{vmatrix} + 1\times\begin{vmatrix} 1 & 2 & 1 \\ 4 & 3 & -1 \\ 1 & 1 & 0 \end{vmatrix} = 1\times(-1) - 1\times 2 + 1\times(-5) - 1\times(-5) = -3$$

A4 – a) $\Delta_2 = \begin{vmatrix} 0 & 1 \\ 1 & 0 \end{vmatrix} = -1$ $\quad \Delta_3 = \begin{vmatrix} 0 & 1 & 1 \\ 1 & 0 & 1 \\ 1 & 1 & 0 \end{vmatrix} = +2$ $\quad \Delta_4 = \begin{vmatrix} 0 & 1 & 1 & 1 \\ 1 & 0 & 1 & 1 \\ 1 & 1 & 0 & 1 \\ 1 & 1 & 1 & 0 \end{vmatrix} = -3$

b) En ajoutant toutes les lignes de Δ_n à sa 1re ligne, on fait apparaître $n-1$ en facteur. En développant alors selon les éléments de cette 1re ligne, on obtient Δ_{n-1} pour le 1er élément et un développement identique à celui de Δ_n pour les $n-1$ autres éléments, d'où $\Delta_n = (n-1)\,(\Delta_{n-1} + \Delta_n)$

$$\Rightarrow (n-2)\,\Delta_n = -(n-1)\,\Delta_{n-1} \qquad (1)$$

c) En écrivant successivement la relation (1) pour toutes les valeurs entières à partir de $n = 3$, on obtient :

$\Delta_3 = -2\,\Delta_2,\ \ 2\,\Delta_4 = -3\,\Delta_3,\ \ 3\,\Delta_5 = -4\,\Delta_4,\ \ \ldots,\ (n-2)\,\Delta_n = -(n-1)\,\Delta_{n-1}.$

Soit, en faisant le produit de toutes ces relations et en simplifiant :

$(n-2)\,!\times\Delta_n = (-1)^{n-2}\,(n-1)\,!\times\Delta_2 \quad\Rightarrow\quad \Delta_n = (-1)^{n-1}\,(n-1)$

A6 – a) On fait apparaître un 0 à la place de l'élément 2 en remplaçant la 2e ligne par sa différence avec la 1re ligne multipliée par 2.

$$\Rightarrow \Delta = \begin{vmatrix} \boxed{1} & -1 & 7 \\ 0 & 5 & -10 \\ -2 & 5 & 6 \end{vmatrix} \qquad (\Delta = 130)$$

On fait apparaître un 0 à la place de l'élément – 2 en remplaçant la 3e ligne par sa somme avec la 1re ligne multipliée par 2.

$$\Rightarrow \Delta = \begin{vmatrix} \boxed{1} & -1 & 7 \\ 0 & \boxed{5} & -10 \\ 0 & 3 & 20 \end{vmatrix} \qquad (\Delta = 130)$$

Pour ces 2 transformations, le «pivot» est l'élément 1.

On fait maintenant apparaître un 0 à la place de l'élément 3 en remplaçant la 3e ligne par sa différence avec la 2e ligne multipliée par $\frac{3}{5}$.

Pour cette transformation, le «pivot» est l'élément 5.

$$\Rightarrow \Delta = \begin{vmatrix} 1 & -1 & 7 \\ 0 & 5 & -10 \\ 0 & 0 & 26 \end{vmatrix} \qquad (\Delta = 130)$$

Solutions

6. Systèmes d'équations linéaires

A2 – Le plus haut degré de $P(x)$ est égal au plus haut degré du 2nd membre $\Rightarrow$ d° $P(x) = 3$

$$\begin{cases} P(x) = ax^3 + bx^2 + cx + d \\ P'(x) = 3ax^2 + 2bx + c \\ P''(x) = 6ax + 2b \end{cases}$$

$$\text{identification} \quad \Rightarrow \begin{cases} -2a = -4 \\ -3a - 3b = 6 \\ -12a - 2c = -22 \\ -4b + c + d = 18 \end{cases} \quad \Rightarrow \begin{cases} a = 2 \\ b = -4 \\ c = -1 \\ d = 3 \end{cases}$$

$$P(x) = 2x^3 - 4x^2 - x + 3$$

A3 – b)

$$\Delta = \begin{vmatrix} m & 1 & 1 \\ 1 & m & 1 \\ 1 & 1 & m \end{vmatrix} = m(m^2-1) - (m-1) + (1-m) = m^3 - 3m + 2 = (m-1)^2(m+2)$$

– Si $\Delta \neq 0$, soit $m \neq 1$ et $m \neq -2$, le système admet une solution unique, qu'on peut calculer par le théorème de Cramer :

$$x = \frac{\begin{vmatrix} 1 & 1 & 1 \\ m & m & 1 \\ m^2 & 1 & m \end{vmatrix}}{\Delta} = -\frac{m+1}{m+2} \qquad y = \frac{\begin{vmatrix} m & 1 & 1 \\ 1 & m & 1 \\ 1 & m^2 & m \end{vmatrix}}{\Delta} = \frac{1}{m+2}$$

$$z = \frac{\begin{vmatrix} m & 1 & 1 \\ 1 & m & m \\ 1 & 1 & m^2 \end{vmatrix}}{\Delta} = \frac{(m+1)^2}{m+2}$$

– Si $\Delta = 0$ avec $m = 1$, les 3 équations sont identiques, elles se réduisent à la seule équation $x + y + z = 1$. Le système est de «rang» 1, il est donc «indéterminé» d'ordre 2. On peut choisir x comme inconnue «principale», les 2 inconnues non principales étant alors y et z.

Le déterminant «principal» se réduit au coefficient de x, $\delta = |1|$, et les 2 déterminants «caractéristiques» relatifs aux 2 inconnues non principales sont nuls :

$$\Delta_y = \begin{vmatrix} 1 & 1 & 1 \\ 1 & 1 & 1 \\ 1 & 1 & 1 \end{vmatrix} = 0 \qquad \text{et} \qquad \Delta_z = \begin{vmatrix} 1 & 1 & 1 \\ 1 & 1 & 1 \\ 1 & 1 & 1 \end{vmatrix} = 0$$

Il y a une double infinité de solutions, qu'on peut écrire :

$x = 1 - \lambda - \mu \qquad y = \lambda \qquad z = \mu \qquad$ avec λ et μ arbitraires

– Si $\Delta = 0$ avec $m = -2$, le système s'écrit

$$\begin{cases} -2x + y + z = 1 & (E_1) \\ x - 2y + z = -2 & (E_2) \\ x + y + 2z = 4 & (E_3) \end{cases}$$

Les 3 équations ne sont pas indépendantes, ce qu'on peut voir en formant $(E_2) + (E_3)$, dont le 1er membre est l'opposé du 1er membre de (E_1) :

$$\begin{cases} 2x - y - z = -1 & (-E_1) \\ 2x - y - z = 2 & (E_2) + (E_3) \end{cases}$$

Les coefficients des seconds membres étant différents, le système est impossible.

Remarque : a priori, le système aurait été de «rang» 2, puisque le déterminant principal des 2 inconnues x et y, dans les équations (E_1) et (E_2) par exemple, est différent de zéro : $\delta = \begin{vmatrix} -2 & 1 \\ 1 & -2 \end{vmatrix} = 3 \neq 0$.

mais le déterminant «caractéristique» de l'inconnue non principale z est alors différent de zéro, ce qui rend le système (non homogène) impossible :

$$\Delta_z = \begin{vmatrix} -2 & 1 & 1 \\ 1 & -2 & -2 \\ 1 & 1 & 4 \end{vmatrix} = 9 \neq 0$$

A7 – Le système est au plus de «rang» 3, a priori. Calculons les 4 déterminants d'ordre 3 extraits de la matrice des coefficients :

$$\underset{xyz}{\Delta} = \begin{vmatrix} 1 & 1 & 2 \\ 4 & -1 & 1 \\ 11 & -4 & 1 \end{vmatrix} = 0 \qquad \underset{xyt}{\Delta} = \begin{vmatrix} 1 & 1 & -1 \\ 4 & -1 & 2 \\ 11 & -4 & 7 \end{vmatrix} = 0$$

$$\underset{xzt}{\Delta} = \begin{vmatrix} 1 & 2 & -1 \\ 4 & 1 & 2 \\ 11 & 1 & 7 \end{vmatrix} = 0 \qquad \underset{yzt}{\Delta} = \begin{vmatrix} 1 & 2 & -1 \\ -1 & 1 & 2 \\ -4 & 1 & 7 \end{vmatrix} = 0$$

Ces 4 déterminants étant nuls, le système est de «rang» 2 ; il se réduit à 2 équations, ce qu'on aurait pu voir directement en formant la combinaison 3 $(E_2) - (E_3)$, dont le 1er membre est identique à celui de (E_1) :

$$\begin{cases} x + y + 2z - t = 1 & (E_1) \\ x + y + 2z - t = 3m - 5 & 3(E_2) - (E_3) \\ 11x - 4y + z + 7t = 5 & (E_3) \end{cases}$$

En comparant les seconds membres des 2 premières équations, on voit que le système n'est possible que si $3m - 5 = 1$, d'où :

– Si $m \neq 2$: le système est impossible

– Si $m = 2$: le système est indéterminé d'ordre d'indétermination 2, il se réduit à 2 équations :

$$\begin{cases} x + y + 2z - t = 1 \\ 11x - 4y + z + 7t = 5 \end{cases}$$

En choisissant x et y comme inconnues principales, il y a une double infinité de solutions que l'on peut écrire :

$x = \frac{3}{5}(1 - \lambda + \mu)$ $y = \frac{1}{5}(2 - 7\lambda + 2\mu)$ $z = \lambda$ $t = \mu$ λ et μ arbitraires

A8 – $\Delta = \begin{vmatrix} 1 & 1 & -2 & 1 \\ 2 & 1 & 1 & -2 \\ 3 & 2 & -1 & -1 \\ 1 & 0 & 3 & -3 \end{vmatrix} = 0$ $\Rightarrow$ le système est de «rang» 3, a priori : en effet, la combinaison $(E_2) - (E_1)$ redonne (E_4).

$$\begin{cases} x + y - 2z = 1 - t \\ 2x + y + z = 2 + 2t \\ 3x + 2y - z = 3 + t \end{cases}$$

$\delta_3 = \begin{vmatrix} 1 & 1 & -2 \\ 2 & 1 & 1 \\ 3 & 2 & -1 \end{vmatrix} = 0$ $\Rightarrow$ le système est de «rang» 2, a priori : en effet, la combinaison $(E_1) + (E_2)$ redonne (E_3).

$$\begin{cases} x + y = 1 - t + 2z \\ 2x + y = 2 + 2t - z \end{cases}$$

$\delta_2 = \begin{vmatrix} 1 & 1 \\ 2 & 1 \end{vmatrix} = -1 \neq 0$ $\Rightarrow$ le système est effectivement de rang 2, il y a une indétermination d'ordre 2, et une double infinité de solutions, que l'on peut écrire :

$x = 1 - 3\lambda + 3\mu$ $y = 5\lambda - 4\mu$ $z = \lambda$ $t = \mu$
λ et μ arbitraires.

B2 – Soit x le nombre de pièces A fabriquées, et y le nombre de pièces B fabriqués :

– x et y sont des entiers positifs ou nuls :

$$x \geq 0 \qquad (1)$$

$$y \geq 0 \qquad (2)$$

– le profit réalisé est $P = 1\,000\,x + 500\,y$, c'est donc une fonction «linéaire» de x et y, dont on cherche le maximum sous certaines «contraintes» :

Temps total d'utilisation de la machine R_1 inférieur ou égal à 120 h :

$$\frac{1}{2}^h \times x + \frac{1}{3}^h \times y \leq 120^h \qquad (3)$$

Temps total d'utilisation de la machine R_2 inférieur ou égal à 80 H :

$$\frac{2}{3}^h \times x + \frac{1}{6}^h \times y \leq 80^h \qquad (4)$$

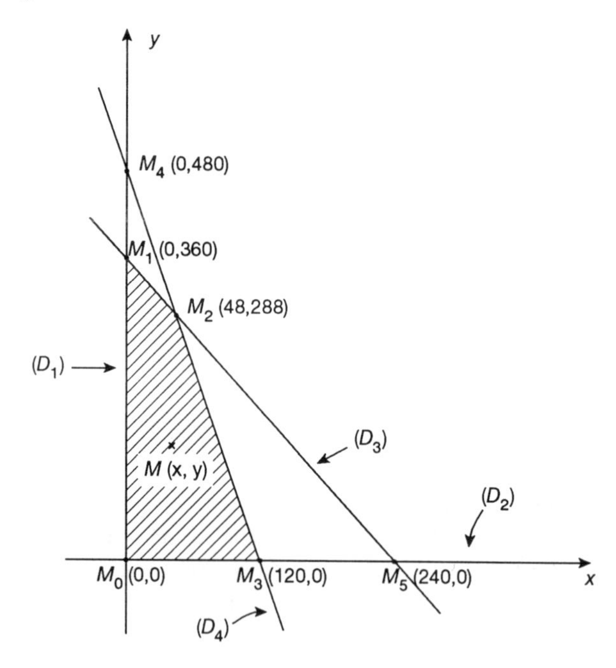

Si on visualise un programme de fabrication par un point M de coordonnées x et y dans un repère plan dont l'origine M_0 visualiserait une fabrication «nulle» ($x = 0$, $y = 0$), ce point M (x, y) doit rester situé à l'intérieur du quadrilatère convexe $M_0\ M_1\ M_2\ M_3$, dont le contour est défini par les contraintes «saturées» (c'est-à-dire ici avec des égalités dans les inéquations (1), (2), (3), (4)) :

$(D_1) \Rightarrow x = 0$
$(D_2) \Rightarrow y = 0$
$(D_3) \Rightarrow 3x + 2y = 720$
$(D_4) \Rightarrow 4x + y = 480$

Coordonnées des intersections :
M_0 (0, 0) ; M_1 (0, 360)
M_2 (48, 288) ; M_3 (120, 0)
M_4 (0, 480) ; M_5 (240, 0)

Comme le maximum de la fonction P est obtenu lorsque M est situé sur l'un des sommets M_0, M_1, M_2 ou M_3, on scrute la valeur de P pour ces 4 positions seulement :

en $M_0 \Rightarrow P = 0$ F en $M_1 \Rightarrow P = 180\,000$ F
en $M_2 \Rightarrow P = 192\,000$ F en $M_3 \Rightarrow P = 120\,000$ F

Le meilleur programme de fabrication est donc celui qui correspond au point M_2 (48 pièces A, 288 pièces B).

B3 – a) La température de l'eau de la conduite résulte d'une combinaison *linéaire* des températures de l'eau des canalisations, proportionnellles aux débits respectifs : on obtient ainsi une 1re «contrainte» sur les débits :

$$\theta = \frac{80d_1 + 60d_2 + 40d_3}{d_1 + d_2 + d_3} \leq 70 \Rightarrow (1)\ d_1 - d_2 - 3d_3 \leq 0$$

b) La teneur en sel de l'eau de la conduite résulte aussi d'une combinaison *linéaire* des teneurs en sel proportionnelles aux débits $\Rightarrow$ 2e «contrainte»

$$c = \frac{22d_1 + 24d_2 + 4d_3}{d_1 + d_2 + d_3} \leq 20 \Rightarrow (2)\ d_1 + 2d_2 - 8d_3 \leq 0$$

c) Le débit total $d = d_1 + d_2 + 2$ sera maximum si la somme des débits $d_1 + d_2$ l'est aussi. Pour la valeur $d_3 = 2$, les 2 contraintes deviennent :

$$\begin{cases} (1)\ d_2 \geq d_1 - 6 \\ (2)\ d_2 \leq -\dfrac{d_1}{2} + 8 \end{cases}$$

On doit donc chercher dans le plan (d_1, d_2) le point du polygône défini par les contraintes et les axes $(d_1 \geq 0, d_2 \geq 0)$ qui soit le plus éloigné de l'origine ($d_1 + d_2$ max.) : c'est le point A qui correspond à $d_1 = \frac{28}{3}\,\text{m}^3/S$ et $d_2 = \frac{10}{3}\,\text{m}^3/S$.

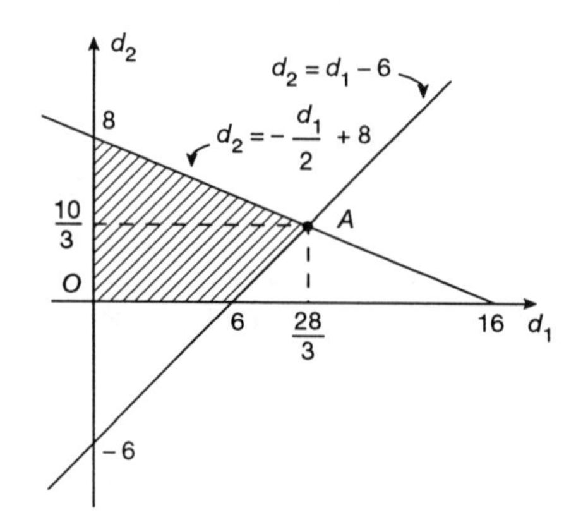

B4 – a)
$$\begin{cases} I_1 + I_2 - I_6 = 0 \\ I_1 - I_3 - I_5 = 0 \\ I_2 - I_4 + I_5 = 0 \\ I_1 + 2\,I_3 = 7 \\ 5\,I_2 + I_4 = 7 \\ I_1 - 5\,I_2 + 2\,I_5 = 0 \end{cases}$$

$$\Rightarrow \Delta = \begin{vmatrix} 1 & 1 & 0 & 0 & 0 & -1 \\ 1 & 0 & -1 & 0 & -1 & 0 \\ 0 & 1 & 0 & -1 & 1 & 0 \\ 1 & 0 & 2 & 0 & 0 & 0 \\ 0 & 5 & 0 & 1 & 0 & 0 \\ 1 & -5 & 0 & 0 & 2 & 0 \end{vmatrix} = \begin{vmatrix} 0 & -1 & 0 & -1 \\ 1 & 0 & -1 & 1 \\ 5 & 0 & 1 & 0 \\ -5 & 0 & 0 & 2 \end{vmatrix} + 2 \begin{vmatrix} 1 & 0 & 0 & -1 \\ 0 & 1 & -1 & 1 \\ 0 & 5 & 1 & 0 \\ 1 & -5 & 0 & 2 \end{vmatrix}$$

$$\Rightarrow \Delta = (5 + 12) + 2\,(17 + 6) \qquad \Delta = 63 \neq 0$$

$$\text{b) } \Delta_5 = \begin{vmatrix} 1 & 1 & 0 & 0 & 0 & -1 \\ 1 & 0 & -1 & 0 & 0 & 0 \\ 0 & 1 & 0 & -1 & 0 & 0 \\ 1 & 0 & 2 & 0 & 7 & 0 \\ 0 & 5 & 0 & 1 & 7 & 0 \\ 1 & -5 & 0 & 0 & 0 & 0 \end{vmatrix} = \begin{vmatrix} 1 & 0 & -1 & 0 \\ 0 & 2 & 0 & 7 \\ 5 & 0 & 1 & 7 \\ -5 & 0 & 0 & 0 \end{vmatrix} - \begin{vmatrix} 0 & 1 & -1 & 0 \\ 1 & 0 & 0 & 7 \\ 0 & 5 & 1 & 7 \\ 1 & -5 & 0 & 0 \end{vmatrix}$$

$$= 70 - (-35 + 42)$$

$$\Rightarrow \qquad \Delta_5 = 63 \qquad \text{et} \qquad I_5 = \frac{\Delta_5}{\Delta} = 1\,A$$

La solution complète est $I_1 = 3\ A$, $I_2 = 1\ A$, $I_3 = 2\ A$, $I_4 = 2\ A$, $I_5 = 1\ A$, $I_6 = 4\ A$, comme on peut le vérifier par les différences de potentiel entre les nœuds.

Solutions

7. Matrices, éléments de calcul matriciel

A1 – a) La matrice A a 3 lignes et 2 colonnes, la matrice B a 2 lignes et 3 colonnes, donc la matrice produit $A\,.\,B$ existe, elle aura 3 lignes et 3 colonnes :

$$A\,.\,B = \begin{pmatrix} -1 & -8 & -10 \\ 1 & -2 & -5 \\ 9 & 22 & 15 \end{pmatrix}$$

La matrice B a 2 lignes et 3 colonnes, la matrice A a 3 lignes et 2 colonnes, donc la matrice produit $B\,.\,A$ existe, elle aura 2 lignes et 2 colonnes :

$$B\,.\,A = \begin{pmatrix} 15 & -21 \\ 10 & -3 \end{pmatrix}$$

b) Effectuons le produit de ${}^tB$ par ${}^tA$:

$${}^tB\,.\,{}^tA = \begin{pmatrix} 1 & 3 \\ -2 & 4 \\ -5 & 0 \end{pmatrix} . \begin{pmatrix} 2 & 1 & -3 \\ -1 & 0 & 4 \end{pmatrix} = \begin{pmatrix} -1 & 1 & 9 \\ -8 & -2 & 22 \\ -10 & -5 & 15 \end{pmatrix}$$

On obtient bien la matrice transposée ${}^t(A\,.\,B)$.

A3 – Soit $B = \begin{pmatrix} a & b \\ c & d \end{pmatrix}$ la matrice cherchée. Exprimons que $A\,.\,B = B\,.\,A$.

$$A\,.\,B \begin{pmatrix} 1 & 1 \\ 0 & 1 \end{pmatrix} . \begin{pmatrix} a & b \\ c & d \end{pmatrix} = \begin{pmatrix} a+c & b+d \\ c & d \end{pmatrix} \quad B\,.\,A = \begin{pmatrix} a & b \\ c & d \end{pmatrix} . \begin{pmatrix} 1 & 1 \\ 0 & 1 \end{pmatrix} = \begin{pmatrix} a & a+b \\ c & c+d \end{pmatrix}$$

$$\begin{cases} a+c = a \\ c = c \\ b+d = a+b \\ d = c+d \end{cases} \Rightarrow \begin{cases} c = 0 \\ a = d \end{cases}$$

La forme générale de B est donc :

$$B = \begin{pmatrix} a & b \\ 0 & a \end{pmatrix}$$

A6 – a) $\det A = 4 \neq 0$ $\quad \operatorname{cof} A = \begin{pmatrix} 6 & -7 \\ -2 & 3 \end{pmatrix}$ $\quad {}^t(\operatorname{cof} A) = \begin{pmatrix} 6 & -2 \\ -7 & 3 \end{pmatrix}$ $\quad A^{-1} = \begin{pmatrix} \frac{3}{2} & -\frac{1}{2} \\ -\frac{7}{4} & \frac{3}{4} \end{pmatrix}$

b) $\det A = -13$ $\quad \operatorname{cof} A = \begin{pmatrix} -7 & 11 & -5 \\ 4 & -10 & 1 \\ -1 & -4 & 3 \end{pmatrix}$ $\quad {}^t(\operatorname{cof} A) = \begin{pmatrix} -7 & 4 & -1 \\ 11 & -10 & -4 \\ -5 & 1 & 3 \end{pmatrix}$

$$\Rightarrow \quad A^{-1} = \begin{pmatrix} \frac{7}{13} & -\frac{4}{13} & \frac{1}{13} \\ -\frac{11}{13} & \frac{10}{13} & \frac{4}{13} \\ \frac{5}{13} & -\frac{1}{13} & -\frac{3}{13} \end{pmatrix}$$

c) En développant le déterminant de A selon les éléments de la 1re colonne, on voit que $\det A = 1 \neq 0$.

$$\operatorname{cof} A = \begin{pmatrix} 1 & 0 & 0 & 0 \\ a & 1 & 0 & 0 \\ a^2 & a & 1 & 0 \\ a^3 & a^2 & a & 1 \end{pmatrix} \quad \Rightarrow \quad A^{-1} = \begin{pmatrix} 1 & a & a^2 & a^3 \\ 0 & 1 & a & a^2 \\ 0 & 0 & 1 & a \\ 0 & 0 & 0 & 1 \end{pmatrix}$$

A9 – On écrit que $\det(A - \lambda I) = 0$

a) $\begin{vmatrix} 5-\lambda & -2 \\ 1 & 2-\lambda \end{vmatrix} = 0 \quad \Rightarrow \quad \lambda^2 - 7\lambda + 12 = 0 \quad \Rightarrow \quad \begin{cases} \lambda_1 = 3 \\ \lambda_2 = 4 \end{cases}$

b) $\begin{vmatrix} 2-\lambda & -2 & 3 \\ 1 & 1-\lambda & 1 \\ 1 & 3 & -1-\lambda \end{vmatrix} = 0 \quad \Rightarrow (2-\lambda)(\lambda^2 - 4) - (2\lambda - 7) + (3\lambda - 5) = 0$

$$\lambda^3 - 2\lambda^2 - 5\lambda + 6 = 0$$

$\lambda_1 = 1$ évidente $\quad \Rightarrow \quad \lambda_2 = -2 \quad \lambda_3 = 3$

A10 – a) Calculons d'abord les valeurs propres de la matrice :

$$\begin{vmatrix} -4-\lambda & -6 & 0 \\ 3 & 5-\lambda & 0 \\ 3 & 6 & 5-\lambda \end{vmatrix} = 0$$

En développant selon les éléments de la 3e colonne :

$(5 - \lambda)\,[-(4 + \lambda)(5 - \lambda) + 18] = 0$

$(5 - \lambda)(\lambda^2 + \lambda - 2) = 0$

On obtient 3 valeurs propres *distinctes* $\quad \lambda_1 = -1 \quad \lambda_2 = 2 \quad \lambda_3 = 5$

Les composantes x, y, z des vecteurs propres sont alors déterminées par l'équation matricielle $(A - \lambda)\, V = 0$, où $\vec{V} = x\vec{i} + y\vec{j} + z\vec{k}$.

Calcul pour $\lambda_1 = 1$:

$$\begin{pmatrix} -3 & -6 & 0 \\ 3 & 6 & 0 \\ 3 & 6 & 6 \end{pmatrix} \begin{pmatrix} x_1 \\ y_1 \\ z_1 \end{pmatrix} = 0$$

$$\Rightarrow \begin{cases} -3x_1 - 6y_1 = 0 \\ 3x_1 + 6y_1 = 0 \\ 3x_1 + 6y_1 + 6z_1 = 0 \end{cases} \quad \Rightarrow \begin{cases} x_1 + 2y_1 = 0 \\ z_1 = 0 \end{cases} \quad \Rightarrow \begin{cases} x_1 = -2\alpha \\ y_1 = \alpha \\ z_1 = 0 \end{cases}$$

soit $\vec{V_1} = \alpha\left(-2\vec{i} + \vec{j}\right)$ α arbitraire.

Calcul pour $\lambda_2 = 2$:

$$\begin{pmatrix} -6 & -6 & 0 \\ 3 & 3 & 0 \\ 3 & 6 & 3 \end{pmatrix} \begin{pmatrix} x_2 \\ y_2 \\ z_2 \end{pmatrix} = 0$$

$$\Rightarrow \begin{cases} -6x_2 - 6y_2 = 0 \\ 3x_2 + 3y_2 = 0 \\ 3x_2 + 6y_2 + 3z_2 = 0 \end{cases} \quad \Rightarrow \begin{cases} x_2 + y_2 = 0 \\ x_2 + 2y_2 + z_2 = 0 \end{cases} \quad \Rightarrow \begin{cases} x_2 = -\beta \\ y_2 = \beta \\ z_2 = -\beta \end{cases}$$

soit $\vec{V_2} = \beta\left(-\vec{i} + \vec{j} - \vec{k}\right)$ β arbitraire.

Calcul pour $\lambda_3 = 5$:

$$\begin{pmatrix} -9 & -6 & 0 \\ 3 & 0 & 0 \\ 3 & 6 & 0 \end{pmatrix} . \begin{pmatrix} x_3 \\ y_3 \\ z_3 \end{pmatrix} = 0 \quad \Rightarrow \begin{cases} -9x_3 - 6y_3 = 0 \\ 3x_3 = 0 \\ 3x_3 + 6y_3 = 0 \end{cases} \quad \Rightarrow \begin{cases} x_3 = 0 \\ y_3 = 0 \\ z_3 = \gamma \quad \text{arbitraire} \end{cases}$$

soit $\vec{V_3} = \gamma\vec{k}$

Ces 3 vecteurs propres, étant relatifs à 3 valeurs propres distinctes, sont linéairement indépendants et constituent une autre base de $\mathbb{R}^3$.

Cependant, cette base n'est pas orthogonale (elle est orthogonale lorsque la matrice A est symétrique).

b) La matrice diagonale D semblable à A est la matrice «diagonale» dont les éléments de la diagonale principale sont les valeurs propres :

$$D = \begin{pmatrix} -1 & 0 & 0 \\ 0 & 2 & 0 \\ 0 & 0 & 5 \end{pmatrix}$$

La matrice de passage de $(\vec{i}, \vec{j}, \vec{k})$ à $(\vec{V_1}, \vec{V_2}, \vec{V_3})$ est définie par :

$$\begin{pmatrix} \vec{V_1} \\ \vec{V_2} \\ \vec{V_3} \end{pmatrix} = (P) . \begin{pmatrix} \vec{i} \\ \vec{j} \\ \vec{k} \end{pmatrix} \quad \text{soit} \quad P = \begin{pmatrix} -2 & -1 & 0 \\ 1 & 1 & 0 \\ 0 & -1 & 1 \end{pmatrix} \quad \text{avec} \quad \alpha = \beta = \gamma = 1$$

Cette matrice est constituée par les composantes des vecteurs propres disposées en colonnes (avec un choix arbitraire des scalaires qui y interviennent, lorsqu'il n'y a pas de relations métriques en jeu).

c) La matrice P est inversible, puisque $\det P \neq 0$ $(\vec{V_1}, \vec{V_2}, \vec{V_3}$ indépendants)

On calcule : $P^{-1} = \begin{pmatrix} -1 & -1 & 0 \\ 1 & 2 & 0 \\ 1 & 2 & 1 \end{pmatrix}$

Vérifions que $P. D. P^{-1} = A$:

$$\begin{pmatrix} -2 & -1 & 0 \\ 1 & 1 & 0 \\ 0 & -1 & 1 \end{pmatrix} . \begin{pmatrix} -1 & 0 & 0 \\ 0 & 2 & 0 \\ 0 & 0 & 5 \end{pmatrix} . \begin{pmatrix} -1 & -1 & 0 \\ 1 & 2 & 0 \\ 1 & 2 & 1 \end{pmatrix} = \begin{pmatrix} -2 & -1 & 0 \\ 1 & 1 & 0 \\ 0 & -1 & 1 \end{pmatrix} . \begin{pmatrix} 1 & 1 & 0 \\ 2 & 4 & 0 \\ 5 & 10 & 5 \end{pmatrix}$$

$$= \begin{pmatrix} -4 & -6 & 0 \\ 3 & 5 & 0 \\ 3 & 6 & 5 \end{pmatrix}$$

A11 – a) Pour faire intervenir une matrice symétrique, on doit décomposer le terme rectangle en 2 parties égales :

$$x^2 - \frac{\sqrt{3}}{2} xy - \frac{\sqrt{3}}{2} xy + 2y^2 = x\left(x - \frac{\sqrt{3}}{2} y\right) + y\left(-\frac{\sqrt{3}}{2} x + 2y\right)$$

On obtient ainsi, en notation matricielle, avec une matrice ligne et une matrice colonne des composantes de $\vec{V}$:

$$Q(\vec{V}) = (x\ y) \begin{pmatrix} 1 & -\frac{\sqrt{3}}{2} \\ -\frac{\sqrt{3}}{2} & 2 \end{pmatrix} \begin{pmatrix} x \\ y \end{pmatrix}$$

b) Valeurs propres de la matrice associée:

$$A=\begin{pmatrix} 1 & -\frac{\sqrt{3}}{2} \\ -\frac{\sqrt{3}}{2} & 2 \end{pmatrix} \Rightarrow \begin{vmatrix} 1-\lambda & -\frac{\sqrt{3}}{2} \\ -\frac{\sqrt{3}}{2} & 2-\lambda \end{vmatrix}=0 \Rightarrow \begin{cases} \lambda_1=\frac{1}{2} \\ \lambda_2=\frac{5}{2} \end{cases}$$

Vecteur propre $\overrightarrow{V_1}$, pour $\lambda_1=\frac{1}{2}$:

$$\begin{pmatrix} \frac{1}{2} & -\frac{\sqrt{3}}{2} \\ -\frac{\sqrt{3}}{2} & \frac{3}{2} \end{pmatrix}\begin{pmatrix} x_1 \\ y_1 \end{pmatrix}=0 \quad \Rightarrow \quad x_1-\sqrt{3}\,y_1=0 \quad \Rightarrow \quad \begin{cases} x_1-\sqrt{3}\,\alpha \\ y_1=\alpha \end{cases}$$

$$\Rightarrow \quad \overrightarrow{V_1}=\alpha\left(\sqrt{3}\,\vec{i}+\vec{j}\right) \qquad \alpha \text{ arbitraire}$$

Vecteur propre $\overrightarrow{V_2}$, pour $\lambda_2=\frac{5}{2}$:

$$\begin{pmatrix} -\frac{3}{2} & -\frac{\sqrt{3}}{2} \\ -\frac{\sqrt{3}}{2} & -\frac{1}{2} \end{pmatrix}\begin{pmatrix} x_2 \\ y_2 \end{pmatrix}=0 \quad \Rightarrow \quad \sqrt{3}\,x_2+y_2=0 \quad \Rightarrow \quad \begin{cases} x_2=-\beta \\ y_2=\sqrt{3}\,\beta \end{cases}$$

$$\Rightarrow \quad \overrightarrow{V_2}=\beta\left(-\vec{i}+\sqrt{3}\,\vec{j}\right) \qquad \beta \text{ arbitraire}$$

c) Les vecteurs propres $\overrightarrow{V_1}$ et $\overrightarrow{V_2}$ constituent ici une base «*orthogonale*» (on peut vérifier que le produit scalaire $\overrightarrow{V_1}\cdot\overrightarrow{V_2}=0$). Pour obtenir une base «*orthonormée*», on choisit α et β pour que les vecteurs soient «*unitaires*» ; d'où :

$$\vec{I}=\frac{\overrightarrow{V_1}}{\|\overrightarrow{V_1}\|}=\frac{\sqrt{3}}{2}\vec{i}+\frac{1}{2}\vec{j} \qquad \vec{J}=\frac{\overrightarrow{V_2}}{\|\overrightarrow{V_2}\|}=-\frac{1}{2}\vec{j}+\frac{\sqrt{3}}{2}\vec{j}$$

Dans cette nouvelle base, on aura $\vec{V}=X\vec{I}+Y\vec{J}$, et la forme quadratique sera «réduite» à :

$$Q(\vec{V})=(X\ Y)\begin{pmatrix} \frac{1}{2} & 0 \\ 0 & \frac{5}{2} \end{pmatrix}\begin{pmatrix} X \\ Y \end{pmatrix} \qquad \text{soit} \qquad Q(\vec{V})=\frac{X^2}{2}+\frac{5Y^2}{2}$$

B3 – a) l'équation de la trajectoire fait intervenir la forme quadratique $Q = 3\,x^2 + 10\,xy + 3\,y^2$, que l'on peut écrire sous forme matricielle symétrique :

$$Q = (x\;y)\begin{pmatrix} 3 & 5 \\ 5 & 3 \end{pmatrix}\begin{pmatrix} x \\ y \end{pmatrix}$$

Valeurs propres de la matrice associée à cette forme :

$$\begin{vmatrix} 3-\lambda & 5 \\ 5 & 3-\lambda \end{vmatrix} = 0 \quad \Rightarrow \quad \begin{cases} \lambda_1 = -2 \\ \lambda_2 = \;\;8 \end{cases}$$

Vecteur propre $\overrightarrow{V_1}$: $\begin{pmatrix} 5 & 5 \\ 5 & 5 \end{pmatrix}\begin{pmatrix} x_1 \\ y_1 \end{pmatrix} = 0 \quad \Rightarrow \quad \begin{cases} x_1 = \alpha \\ y_1 = -\alpha \end{cases} \quad \overrightarrow{V_1} = \alpha\left(\vec{i} - \vec{j}\right)$

Vecteur propre $\overrightarrow{V_2}$: $\begin{pmatrix} -5 & 5 \\ 5 & -5 \end{pmatrix}\begin{pmatrix} x_2 \\ y_2 \end{pmatrix} = 0 \quad \Rightarrow \quad \begin{cases} x_2 = \beta \\ y_2 = -\beta \end{cases} \quad \overrightarrow{V_2} = \beta\left(\vec{i} + \vec{j}\right)$

b) $$\begin{cases} \vec{I} = \dfrac{\overrightarrow{V_1}}{\|\overrightarrow{V_1}\|} = \dfrac{1}{\sqrt{2}}\left(\vec{i} - \vec{j}\right) \\[2ex] \vec{J} = \dfrac{\overrightarrow{V_2}}{\|\overrightarrow{V_2}\|} = \dfrac{1}{\sqrt{2}}\left(\vec{i} + \vec{j}\right) \end{cases}$$

Dans le nouveau repère orthonormé $(O, \vec{I}, \vec{J})$, on aura $\overrightarrow{OM} = X\vec{I} + Y\vec{J}$, et la forme quadratique s'écrira :

$$Q = (X\;Y)\begin{pmatrix} -2 & 0 \\ 0 & 8 \end{pmatrix}\begin{pmatrix} X \\ Y \end{pmatrix} = -2X^2 + 8Y^2$$

La nouvelle équation de la trajectoire sera donc :

$$-2X^2 + 8Y^2 + 8 = 0 \qquad \text{soit } \frac{X^2}{4} - Y^2 = 1$$

B4 – Avec $\psi = 0$, on ne considère que 2 rotations :

Pour la rotation d'angle θ autour de $\overrightarrow{Ox}$, les formules de changement de coordonnées s'écrivent :

$$\begin{cases} u = x \\ w = y\cos\theta + z\sin\theta \\ Z = -y\sin\theta + z\cos\theta \end{cases}$$

Pour la rotation d'angle φ autour de $\overrightarrow{OZ}$, les formules de changement de coordonnées s'écrivent :

$$\begin{cases} X = u \cos \varphi + w \sin \varphi = x \cos \varphi + (y \cos \theta + z \sin \theta) \sin \varphi \\ Y = - u \sin \varphi + w \cos \varphi = - x \sin \varphi + (y \cos \theta + z \sin \theta) \cos \varphi \\ Z = \text{inchangé} \end{cases}$$

d'où $\begin{pmatrix} X \\ Y \\ Z \end{pmatrix} = \begin{pmatrix} \cos\varphi & \sin\varphi\cos\theta & \sin\varphi\sin\theta \\ -\sin\varphi & \cos\varphi\cos\theta & \cos\varphi\sin\theta \\ 0 & -\sin\theta & \cos\theta \end{pmatrix} \begin{pmatrix} x \\ y \\ z \end{pmatrix}$

Solutions

8. Courbes en coordonnées paramétriques

A1 – Les 2 fonctions $x(t)$ et $y(t)$ sont définies et continues quelque soit $t \in \mathbb{R}$.

Symétries : $x(t)$ est impaire, $y(t)$ est paire :

$$\begin{cases} x(-t) = -x(t) \\ y(-t) = y(t) \end{cases}$$

La courbe (C) admet donc l'axe $\overrightarrow{Oy}$ comme axe de symétrie et le domaine d'étude se réduit à $t \in [0, +\infty[$

Points situés sur les axes : pour $t = 0$ $\Rightarrow$ point $O(0, 0)$
pour $t = \sqrt{3}$ $\Rightarrow$ point $A(0, -3)$
pour $t = 2$ $\Rightarrow$ point $B(2, 0)$

Dérivées et variations : $\begin{cases} x'(t) = 3(t^2 - 1) \\ y'(t) = 4t(t^2 - 2) \end{cases}$ d'où l'on déduit le tableau :

t	0		1		$\sqrt{2}$		$\sqrt{3}$		2		$+\infty$
$x(t)$	0	↘	-2	↗	$-\sqrt{2}$	↗	0	↗	2	↗	$+\infty$
$y(t)$	0	↘	-3	↘	-4	↗	-3	↗	0	↗	$+\infty$

Branche infinie : $\lim\limits_{t\to+\infty} x(t) = +\infty$ $\quad \lim\limits_{t\to+\infty} y(t) = +\infty$

$$\lim_{t\to+\infty} \frac{y(t)}{x(t)} = \lim_{t\to+\infty} t = +\infty$$

La courbe (C) présente donc une «branche parabolique» de direction $\overrightarrow{Oy}$.

Points doubles :

On cherche t_0 et t_1 tels que :

$$\begin{cases} x(t_0) = x(t_1) \\ y(t_0) = y(t_1) \end{cases} \quad \text{avec } t_0 \neq t_1$$

$$\Rightarrow \quad \begin{cases} t_0^2 + t_1^2 + t_0 t_1 = 3 \\ (t_0 + t_1)(t_0^2 + t_1^2 - 4) = 0 \end{cases}$$

$t_0 = -t_1 \quad \Rightarrow \quad$ point A $\begin{cases} t_0 = -\sqrt{3} \\ t_1 = +\sqrt{3} \end{cases}$

$t_0^2 + t_1^2 = 4 \quad \Rightarrow \quad$ points D_1 et D_2

$D_1 \begin{cases} t_0 = \sqrt{2+\sqrt{3}} \\ t \ = -\sqrt{2-\sqrt{3}} \end{cases} \qquad D_2 \begin{cases} t_0 = -\sqrt{2+\sqrt{3}} \\ t \ = \sqrt{2-\sqrt{3}} \end{cases}$

Courbe représentative :

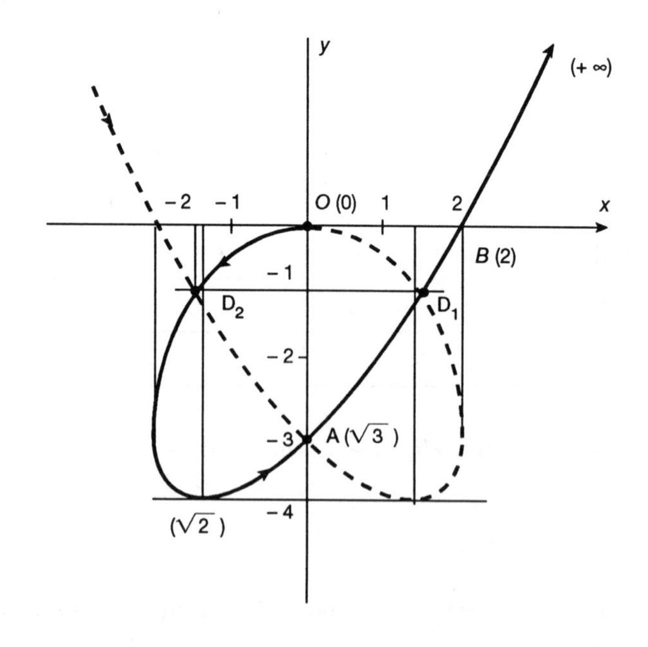

On doit compléter la branche obtenue pour $O < t < +\infty$ (en trait plein) par sa symétrique par rapport à $\overrightarrow{Oy}$ (en trait pointillé), qui correspond à la branche décrite par le point M pour $-\infty < t < 0$.

La courbe est graduée en valeurs du paramètre t (entre parenthèses).

A3 – *Périodicité :* on observe que $\begin{cases} x(\varphi + 2\pi) = x(\varphi) \\ y(\varphi + 2\pi) = y(\varphi) \end{cases}$

La fonction est donc périodique de période $T = 2\pi$, le domaine d'étude est, a priori, $\varphi \in [-\pi, +\pi]$.

Parité : le changement de φ en $-\varphi$ donne :

$$\begin{cases} x(-\varphi) = x(\varphi) \\ y(-\varphi) = -y(y) \end{cases}$$

$\Rightarrow$ la courbe (C) admet l'axe $\overrightarrow{Ox}$ comme axe de symétrie, le domaine d'étude se réduit encore : $\varphi \in [0, \pi]$.

Symétrie supplémentaire :

On peut observer que le changement de φ en $\pi - \varphi$ donne :

$$\begin{cases} x(\pi - \varphi) = -x(\varphi) \\ y(\pi - \varphi) = y(\varphi) \end{cases}$$

$\Rightarrow$ la courbe (C) admet l'axe $\overrightarrow{Oy}$ comme axe de symétrie.

Le domaine d'étude se réduit finalement à $\varphi \in \left[0, \frac{\pi}{2}\right]$, et la courbe obtenue pour cet intervalle devra être complétée par 2 sysmétries, par rapport à $\overrightarrow{Ox}$ et $\overrightarrow{Oy}$.

Dérivées et variations :

$x'(\varphi) = -3\sin^3\varphi$
$y'(\varphi) = 3\cos 3\varphi$

φ	0		$\frac{\pi}{6}$		$\frac{\pi}{3}$		$\frac{\pi}{2}$
$x(\varphi)$	2	↘	$\frac{9\sqrt{3}}{8}$	↘	$\frac{11}{8}$	↘	0
$y(\varphi)$	0	↗	1	↘	0	↘	-1

Points sur les axes :

$\varphi = 0 \Rightarrow A\,(2, 0)$ $\qquad \varphi = \frac{\pi}{3} \Rightarrow C\left(\frac{11}{8}, 0\right)$ $\qquad \varphi = \frac{\pi}{2} \Rightarrow D\,(0, -1)$

Pente de la tangente :

La pente de la tangente en chaque point vaut $m = \dfrac{y'}{x'} = -\dfrac{\cos 3\varphi}{\sin 3\varphi}$

au point A : $\varphi = 0$ $\quad \begin{cases} m\,(0^-) = +\infty \\ m\,(0^+) = -\infty \end{cases}$

au point B : $\varphi = \frac{\pi}{6} \qquad m\left(\frac{\pi}{6}\right) = 0$

au point C : $\varphi = \frac{\pi}{3} \qquad m\left(\frac{\pi}{3}\right) = \dfrac{8}{3\sqrt{3}}$

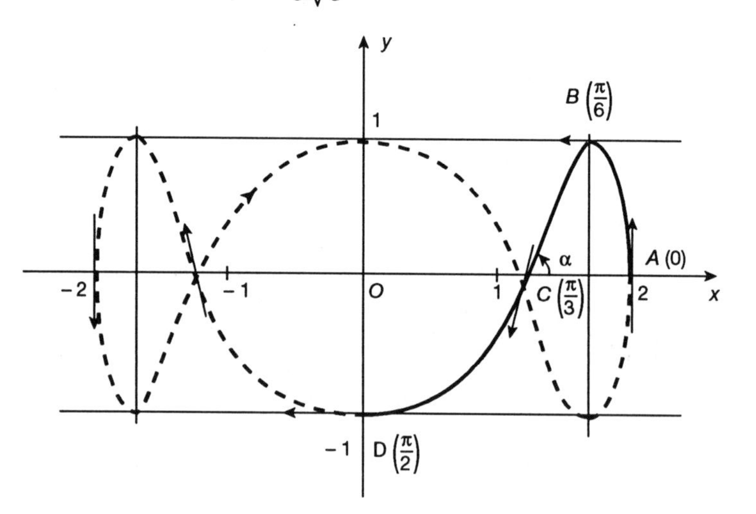

B1 – a) Sur l'axe $\overrightarrow{Ox}$, la loi fondamentale de la mécanique $\vec{F} = M\dfrac{\mathrm{d}^2\overrightarrow{OM}}{\mathrm{d}t^2}$ s'écrit :

$$-M\,\delta_0 = M\frac{\mathrm{d}^2x}{\mathrm{d}t^2} \qquad \text{soit} \qquad \frac{\mathrm{d}^2x}{\mathrm{d}t^2} = -\delta_0 \quad (1)$$

La vitesse $v = \dfrac{\mathrm{d}x}{\mathrm{d}t}$ s'obtient en intégrant l'équation (1) écrite sous la forme $\dfrac{\mathrm{d}v}{\mathrm{d}t} = -\delta_0$ d'où $v = -\delta_0 t + C$. La constante C est déterminé par la condition initiale $v = v_0$ lorsque $t = 0$, d'où $C = v_0$ et :

$$v = -\delta_0 t + v_0 \quad (2)$$

La distance parcourue x s'obtient en intégrant l'équation (2) écrite sous la forme $\frac{dx}{dt} = -\delta_0 t + v_0$ d'où $x = -\delta_0 \frac{t^2}{2} + v_0 t + C$. La constante C est déterminée par la condition initiale $x = 0$ lorsque $t = 0$, d'où $C = 0$ et :

$$x = -\delta_0 \frac{t^2}{2} + v_0 t \qquad (3)$$

b) Le temps T au bout duquel la vitesse deviendra nulle vaut, d'après (2) :

$$T = \frac{v_0}{\delta_0}$$

La distance D parcourue à cet instant vaut, d'après (3) :

$$D = -\frac{\delta_0}{2}\left(\frac{v_0}{\delta_0}\right)^2 + v_0 \frac{v_0}{\delta_0} \qquad \text{soit} \quad D = \frac{v_0^2}{2\,\delta_0}$$

B2 – *Périodicité* : $x(t)$ est périodique de période $T_1 = \pi$

$y(t)$ est périodique de période $T_2 = \frac{2\pi}{3}$

La plus petite période *commune* à $x(t)$ et $y(t)$ est $T = 2\pi$ ($2\,T_1$ et $3\,T_2$).

Le domaine d'étude est, a priori, $t \in [-\pi, +\pi]$.

Parité :

$x(t)$ et $y(t)$ sont impaires, la courbe (C) admet l'origine O centre de symétrie, le domaine d'étude se réduit à $t \in [O, \pi]$.

Symétrie supplémentaire :

Le changement de t en $\pi - t$ donne :

$$\begin{cases} x(\pi - t) = -x(t) \\ y(\pi - t) = y(t) \end{cases}$$

La courbe (C) admet l'axe $\overrightarrow{Oy}$ comme axe de symétrie.

Le domaine d'étude se réduit à $t \in [O, \frac{\pi}{2}]$, la branche obtenue étant complétée par 2 symétries, l'une par rapport à O, l'autre par rapport à $\overrightarrow{Oy}$.

Dérivées et variations :

t	0		$\frac{\pi}{6}$		$\frac{\pi}{4}$		$\frac{\pi}{2}$
x'		$+$		$+$	0	$-$	
y'		$+$	0	$-$		$-$	
x	0	$\nearrow$	$\sqrt{3}$	$\nearrow$	2	$\searrow$	0
y	0	$\nearrow$	1	$\searrow$	$\frac{\sqrt{2}}{2}$	$\searrow$	-1
$\tan\alpha = \frac{y'}{x'}$	$\frac{3}{4}$		0		$-\infty \Vert +\infty$		0

$$\begin{cases} x'(t) = 4\cos 2t \\ y'(t) = 3\cos 3t \end{cases} \qquad \text{pente de la tangente : } \tan\alpha = \frac{3\cos 3t}{4\cos 2t}$$

Points situés sur les axes : pour $t = 0 \Rightarrow$ point $O\,(0, 0)$

pour $t = \frac{\pi}{2} \Rightarrow$ point $C = (0, -1)$

Cherchons l'autre point situé sur $\overrightarrow{Ox}$, tel que $y = 0$ pour $\frac{\pi}{4} < t < \frac{\pi}{2}$, entre le point B et le point C :

$$\sin 3t = 0 \;\Rightarrow\; t = \frac{\pi}{3} \;\Rightarrow\; \text{point } D\left(\sqrt{3}, 0\right)$$

Courbe représentative :

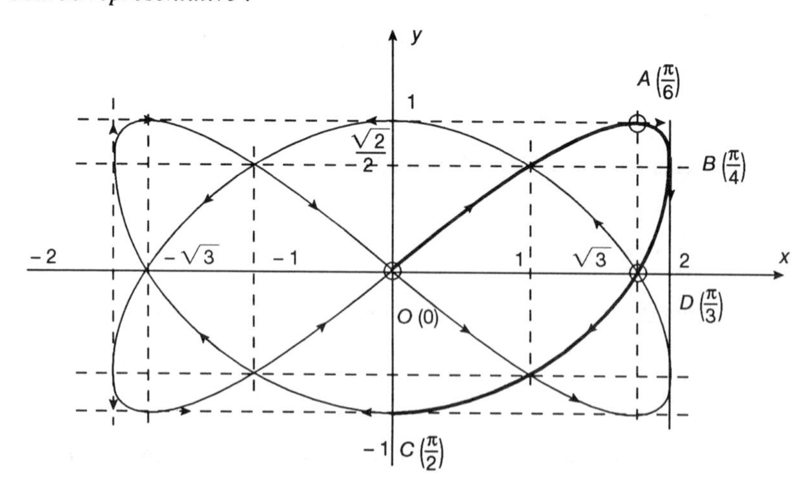

B3 – a) L'angle $(\overrightarrow{OA}, \overrightarrow{OT})$ est égal au $\frac{1}{3}$ de l'angle φ dont tourne le cercle (Γ).

En effet : $\varphi = (\overrightarrow{BM}, \overrightarrow{BT})$ intercepte sur (Γ) l'arc $\widehat{MT}$, et l'angle $(\overrightarrow{OA}, \overrightarrow{OT})$ intercepte sur (Γ_0) l'arc $\widehat{AT}$, qui lui est égal (condition de roulement).

Comme le rayon de (Γ_0) est le triple de celui de (Γ), on en déduit que :

$$(\overrightarrow{OA}, \overrightarrow{OT}) = \frac{\varphi}{3}$$

Projetons alors la relation vectorielle $\overrightarrow{OM} = \overrightarrow{OB} + \overrightarrow{BM}$ sur les axes, compte tenu que $(\overrightarrow{BM}, \overrightarrow{Ox}) = (\overrightarrow{BM}, \overrightarrow{BT}) + (\overrightarrow{BT}, \overrightarrow{Ox}) = \varphi - \frac{\varphi}{3} = \frac{2\varphi}{3}$, on obtient :

$$\begin{cases} x = R\left(2\cos\frac{\varphi}{3} + \cos\frac{2\varphi}{3}\right) \\ y = R\left(2\sin\frac{\varphi}{3} + \sin\frac{2\varphi}{3}\right) \end{cases}$$

B4 – a) En chaque point M de la trajectoire, la loi fondamentale de la mécanique s'écrit :

$$-mg\,.\vec{j} = m\left(\frac{d^2x}{dt^2}\vec{i} + \frac{d^2y}{dt^2}\vec{j}\right)$$

Soit, par projection sur les axes :

$$\begin{cases} \dfrac{d^2x}{dt^2} = 0 \qquad (1) \\[2ex] \dfrac{d^2y}{dt^2} = -g \qquad (2) \end{cases}$$

Intégrant (1) deux fois, compte tenu des conditions initiales, on obtient :

$$\frac{dV_x}{dt} = 0 \;\Rightarrow\; V_x = V_0\cos\alpha \qquad \frac{dx}{dt} = V_0\cos\alpha \;\Rightarrow\; x = V_0\cos\alpha\,.t \quad (3)$$

Intégrant (2) deux fois, compte tenu des conditions initiales, on obtient :

$$\frac{\mathrm{d}V_y}{\mathrm{d}t} = -g \quad \Rightarrow \quad V_y = -gt + V_0 \sin\alpha$$

$$\frac{\mathrm{d}y}{\mathrm{d}t} = -gt + V_0 \sin\alpha \quad \Rightarrow \quad y = -\frac{gt^2}{2} + V_0 \sin\alpha \,.\, t \qquad (4)$$

b) (3) et (4) sont les équations paramétriques de la trajectoire : en éliminant $t = \dfrac{x}{V_0 \cos\alpha}$, on obtient : $y = -\dfrac{g}{2V_0^2 \cos^2\alpha} x^2 + \tan\alpha \,.\, x$ (trajectoire parabolique).

c) La portée $\overline{OP}$ est définie par la valeur de x autre que 0 telle que $y = 0$

$$\overline{OP} = \tan\alpha \,.\, \frac{2V_0^2 \cos^2\alpha}{g} = \frac{V_0^2 \sin 2\alpha}{g} \quad \text{maximum lorsque } \sin 2\alpha = 1.$$

Donc, à $\|V_0\|$ donnée, il faut lancer le projectile avec un angle de tir $\alpha = \frac{\pi}{4}$.

B5 – a) A chaque instant, les coordonnées du missile M sont (x, y), les coordonnées de l'avion A sont $(O, V_0\, t)$, et le vecteur-vitesse du missile $\vec{V} = \frac{\mathrm{d}x}{\mathrm{d}t}\vec{i} + \frac{\mathrm{d}y}{\mathrm{d}t}\vec{j}$ a pour composantes :

$$\begin{cases} \dfrac{\mathrm{d}x}{\mathrm{d}t} = 2V_0 \cos\alpha \\[2ex] \dfrac{\mathrm{d}y}{\mathrm{d}t} = 2V_0 \sin\alpha \end{cases}$$

Comme le missile se dirige toujours vers l'avion, l'angle α est défini par la pente de $\overrightarrow{MA}$, soit $\tan\alpha = \dfrac{V_0 t - y}{-x}$ $\quad \dfrac{\pi}{2} < \alpha < \pi$.

On en déduit les 2 relations suivantes :

$$\begin{cases} \dfrac{\mathrm{d}y}{\mathrm{d}x} = \dfrac{V_0 t - y}{-x} & \text{c'est-à-dire} \quad V_0 t = y - x\dfrac{\mathrm{d}y}{\mathrm{d}x} & (1) \\[2ex] \dfrac{\mathrm{d}x}{\mathrm{d}t} = \dfrac{2V_0}{\sqrt{1+\tan^2\alpha}} & \text{c'est-à-dire} \quad 2V_0\,\mathrm{d}t = -\sqrt{1+\left(\dfrac{\mathrm{d}y}{\mathrm{d}x}\right)^2}\,\mathrm{d}x & (2) \end{cases}$$

Pour éliminer le temps t entre ces 2 relations (1) et (2), différentions la relation (1) :

$$V_0\,\mathrm{d}t = \mathrm{d}y - x\frac{\mathrm{d}^2y}{\mathrm{d}x^2} - \frac{\mathrm{d}y}{\mathrm{d}x}\,.\,\mathrm{d}x = -x\frac{\mathrm{d}^2y}{\mathrm{d}x^2}$$

En reportant cette valeur dans la relation (2), on obtient :

$$2xy'' = \sqrt{1+y'^2}\,,$$

c'est-à-dire une équation différentielle du 2e ordre entre les coordonnées x et y du missile.

b) Cette équation différentielle, ne comportant pas de terme en y, peut être résolue en effectuant le changement $y' = z$ soit $y'' = z'$:

$$2x\frac{\mathrm{d}z}{\mathrm{d}x} = \sqrt{1+z^2} \qquad \frac{1}{2}\frac{\mathrm{d}x}{x} = \frac{\mathrm{d}z}{\sqrt{1+z^2}} \qquad \ln\sqrt{x} = \ln\left(z+\sqrt{1+z^2}\right) + \ln C$$

soit $\sqrt{x} = C\left(z+\sqrt{1+z^2}\right)$. Pour déterminer C, utilisons la condition initiale

pour $t = 0$ $\begin{cases} y' = z = 0 \\ x = a \end{cases} \Rightarrow \sqrt{a} = C$.

On obtient ainsi l'équation différentielle du 1er ordre entre y' et x :

$$\sqrt{x} = \sqrt{a}\left(y' + \sqrt{1+y'^2}\right) \qquad (3)$$

Pour résoudre cette équation (3), séparons y' :

$\sqrt{x} - \sqrt{a}\,y' = \sqrt{a}\,.\sqrt{1+y'^2}$ soit, après élévation au carré : $y' = \dfrac{x-a}{2\sqrt{ax}}$.

On obtient par intégration :

$$y = \frac{1}{2\sqrt{a}}\int\left(\sqrt{x} - \frac{a}{\sqrt{x}}\right)\mathrm{d}x = \frac{x\sqrt{x}}{3\sqrt{a}} - \sqrt{ax} + C$$

Pour déterminer C, utilisons la condition initiale, pour $t = 0$, $\begin{cases} y = 0 \\ x = a \end{cases} \Rightarrow C = \dfrac{2a}{3}$

On obtient ainsi l'équation cartésienne de la trajectoire du missile :

$$y = \frac{x\sqrt{x}}{3\sqrt{a}} - \sqrt{ax} + \frac{2a}{3}$$

Solutions

9. Courbes en coordonnées polaires

A1 – *Périodicité :* $r(\theta + 2\pi) = r \Rightarrow$ la période est, a priori, $T = 2\pi$.

Observons toutefois que le changement de θ en $\theta + \pi$ transforme r en $-r$: $r(\theta + \pi) = a\cos(3\theta + \pi) = -a\cos 3\theta$.

Or les 2 points de coordonnées polaires (r, θ) et $(-r, \theta + \pi)$ sont confondus. La période est donc $T = \pi$.

Symétrie : la fonction $r(\theta)$ est paire : $r(-\theta) = r(\theta)$: la courbe (C) est donc symétrique par rapport à l'axe $\overrightarrow{Ox}$.

Le domaine d'étude se réduit à $\theta \in \left[0, \frac{\pi}{2}\right]$.

Dérivée et variations

$r' = -3a\sin 3\theta$ $\qquad\qquad$ $\tan\alpha = \frac{r}{r'} = -\cot 3\theta$

$\tan\alpha = \tan\left(\frac{\pi}{2} + 3\theta\right)$ $\quad\Rightarrow\quad$ $\alpha = 3\theta + \frac{\pi}{2} + k\pi$

θ	0		$\frac{\pi}{6}$		$\frac{\pi}{3}$		$\frac{\pi}{2}$
r'		$-$		$-$		$+$	
r	a	↘	0	↘	$-a$	↗	0
α	$\frac{\pi}{2}$		0		$\frac{\pi}{2}$		0

Courbe représentative : on trace l'arc de (C) correspondant à $\theta \in \left[0, \frac{\pi}{2}\right]$, comportant successivement les points A, O, B, O, et on complète par une symétrie par rapport à $\overrightarrow{Ox}$. L'origine est un point «triple» ($\theta_1 = \frac{\pi}{6}$, $\theta_2 = \frac{\pi}{2}$, $\theta_3 = \frac{5\pi}{6}$).

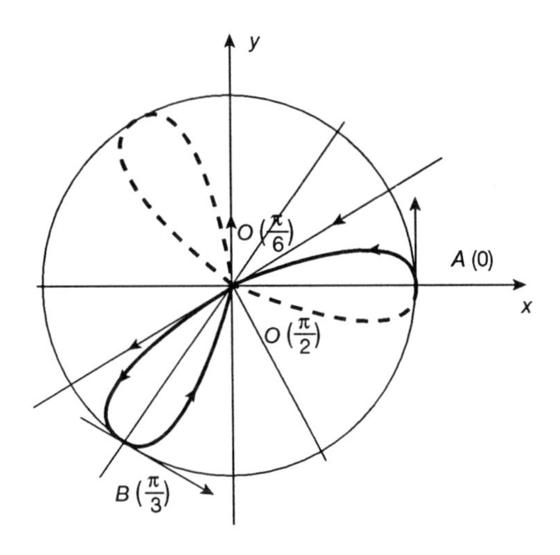

A4 – La fonction est périodique de période $T = \pi$. Comme $\cos 2\theta$ doit être positif, elle est représentée complètement par :

$$\begin{cases} r = a\sqrt{\cos 2\theta} & \text{pour} \quad 0 < \theta < \frac{\pi}{4} \quad \text{et} \quad \frac{3\pi}{4} < \theta < \pi \\ r = a\sqrt{-\cos 2\theta} & \text{pour} \quad \frac{\pi}{4} < \theta < \frac{3\pi}{4} \end{cases}$$

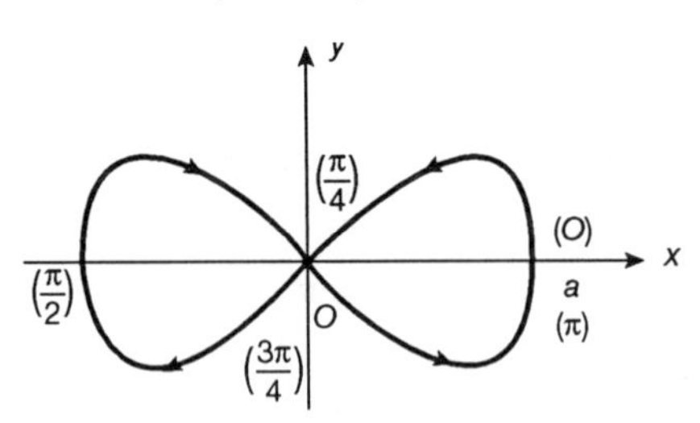

Par symétrie, l'aire de la surface intérieure totale est égale à 4 fois l'aire de la surface balayée par le rayon vecteur pour $0 < \theta < \frac{\pi}{4}$, soit

$$\mathcal{A} = 4 \times \frac{1}{2} \int_0^{\frac{\pi}{4}} a^2 \cos 2\theta \; d\theta = 2a^2 \left[\frac{1}{2} \sin 2\theta\right]_0^{\frac{\pi}{4}} = a^2$$

A6 – a) *Périodicité* : $r(\theta + 6\pi) = r \Rightarrow$ la période est, a priori, $T = 6\pi$.

$r(\theta + 3\pi) = -r$ et les points de coordonnées (r, θ) et $(-r, \theta + 3\pi)$ sont confondus $\Rightarrow$ la période est $T = 3\pi$.

Symétrie : la fonction $r(\theta)$ est impaire $r(-\theta) = -r(\theta)$, la courbe (C) est donc symétrique par rapport à l'axe $\overrightarrow{Oy}$.

Le domaine d'étude se réduit à $\theta \in \left[0, \frac{3\pi}{2}\right]$.

Dérivée : $r' = a\sin^2\frac{\theta}{3} \cdot \cos\frac{\theta}{3}$

Angle de la tangente avec le rayon vecteur : $\tan\alpha = \frac{r}{r'} = \tan\frac{\theta}{3} \Rightarrow \alpha = \frac{\theta}{3} + k\pi$

Variations et courbe représentative :

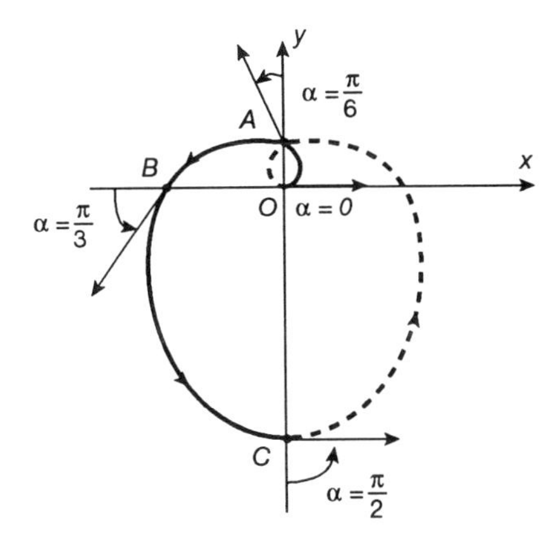

θ	0		$\frac{\pi}{2}$		π		$\frac{3\pi}{2}$
$\sin\frac{\theta}{3}$	0	↗	$\frac{1}{2}$	↗	$\frac{\sqrt{3}}{2}$	↗	1
r	0	↗	$\frac{a}{8}$	↗	$\frac{3a\sqrt{3}}{8}$	↗	a
α	0		$\frac{\pi}{6}$		$\frac{\pi}{3}$		$\frac{\pi}{2}$

b) La longueur totale de la courbe est le double de sa longueur pour $\theta \in \left[0, \frac{3\pi}{2}\right]$, soit :

$$l_t = 2\int_0^{\frac{3\pi}{2}} \sqrt{r'^2 + r^2}\, d\theta = 2a\int_0^{\frac{3\pi}{2}} \sin^2\frac{\theta}{3}\, d\theta$$

On obtient $l_t = a\int_0^{\frac{3\pi}{2}} \left(1 - \cos\frac{2\theta}{3}\right) d\theta = a\left[\theta - \frac{3}{2}\sin\frac{2\theta}{3}\right]_0^{\frac{3\pi}{2}} = \frac{3a\pi}{2}$.

A7 – a) *Périodicité* : $r(\theta + 2\pi) = r(\theta)$ la fonction est périodique de période $T = 2\pi$.

Parité : la fonction est paire $r(-\theta) = r(\theta)$, la courbe (C) est symétrique par rapport à l'axe $\overrightarrow{Ox}$, et le domaine d'étude se réduit à $\theta \in [0, \pi]$.

Dérivée : $r'(\theta) = -2R\sin\theta$.

Angle de la tangente avec le rayon vecteur :

$$\tan\alpha = \frac{r}{r'} = -\frac{1 + \cos\theta}{\sin\theta} = -\cot\frac{\theta}{2}$$

$$\tan\alpha = \tan\left(\frac{\pi}{2} + \frac{\theta}{2}\right) \quad \Rightarrow \quad \alpha = \frac{\theta}{2} + \frac{\pi}{2} + k\pi$$

θ	0		$\frac{\pi}{2}$		π
r	$4R$	↘	$2R$	↘	0
α	$\frac{\pi}{2}$		$\frac{\pi}{4}$		0

b) Soit A_0 le centre du cercle (r_0) fixe, A le centre du cercle (r) mobile et K le point de contact des 2 cercles. La condition de roulement sans glissement s'exprime par l'égalité de l'arc $\overset{\frown}{OK}$ du cercle (r_0) et de l'arc $\overset{\frown}{KM}$ du cercle (r). On en déduit, que, quelque soit $\theta = (\overrightarrow{Ox}, \overrightarrow{OM})$, on a :

$$(\overrightarrow{A_0K}, \overrightarrow{A_0O}) = (\overrightarrow{AM}, \overrightarrow{AK}) = \pi - \theta.$$

Soit M_1 l'intersection du cercle (r_0) avec la droite OM : le triangle $A_0\, OM_1$ étant isocèle, on en déduit que la quadrilatère $A_0\, M_1\, MA$ est un parallélogramme et que $\| \overrightarrow{M_1 M} \| = \| \overrightarrow{A_0 A} \| = 2R$.

Le rayon-vecteur du point M a pour grandeur $\| \overrightarrow{OM} \| = \| \overrightarrow{OM_1} \| + \| \overrightarrow{M_1 M} \|$.

Comme, dans le triangle rectangle $OM_1\, B$, on a $\| \overrightarrow{OM_1} \| = 2R\cos\theta$, on retrouve l'équation polaire de (C) :

$$r = \| \overrightarrow{OM} \| = 2R\,(1+\cos\theta)$$

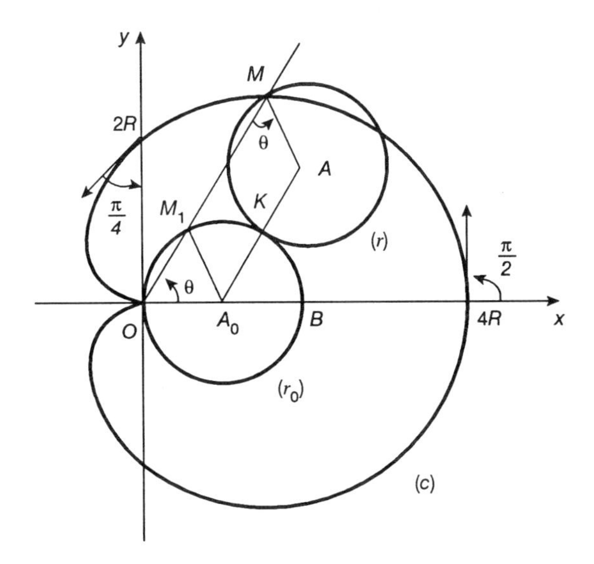

c) L'aire de la surface intérieure à (C) est donnée par :

$$\mathcal{A} = 2 \times \int_0^{\pi} \frac{1}{2} r^2\, d\theta$$

$$= 4R^2 \int_0^{\pi} (1+\cos\theta)^2\, d\theta = 4R^2 \int_0^{\pi} (1 + 2\cos\theta + \cos^2\theta)\, d\theta$$

On obtient $\mathcal{A} = 4R^2 \left[\theta + 2\sin\theta + \frac{\theta}{2} + \frac{\sin 2\theta}{4}\right]_0^{\pi} = 6\pi R^2$, soit 6 fois la surface πR^2 du cercle (r_0).

A8 – En utilisant les relations vectorielles $\overrightarrow{OM} = r\,.\,\vec{u}$, $\dfrac{\mathrm{d}\vec{u}}{\mathrm{d}\theta} = \vec{v}$ et $\dfrac{\mathrm{d}\vec{v}}{\mathrm{d}\theta} = -\vec{u}$, on a :

a) $$\frac{\mathrm{d}\overrightarrow{OM}}{\mathrm{d}t} = r\frac{\mathrm{d}\vec{u}}{\mathrm{d}t} + \frac{\mathrm{d}r}{\mathrm{d}t}.\vec{u} = r\frac{\mathrm{d}\vec{u}}{\mathrm{d}\theta}.\frac{\mathrm{d}\theta}{\mathrm{d}t} + \frac{\mathrm{d}r}{\mathrm{d}t}\vec{u} \qquad \frac{\mathrm{d}\overrightarrow{OM}}{\mathrm{d}t} = \frac{\mathrm{d}r}{\mathrm{d}t}.\vec{u} + r\frac{\mathrm{d}\theta}{\mathrm{d}t}.\vec{v}$$

b) $$\frac{\mathrm{d}^2\overrightarrow{OM}}{\mathrm{d}t^2} = \frac{\mathrm{d}^2 r}{\mathrm{d}t^2}\vec{u} + \frac{\mathrm{d}r}{\mathrm{d}t}.\frac{\mathrm{d}\vec{u}}{\mathrm{d}t} + r\frac{\mathrm{d}\theta}{\mathrm{d}t}.\frac{\mathrm{d}\vec{v}}{\mathrm{d}t} + \vec{v}\left(r\frac{\mathrm{d}^2\theta}{\mathrm{d}t^2} + \frac{\mathrm{d}r}{\mathrm{d}t}.\frac{\mathrm{d}\theta}{\mathrm{d}t}\right)$$

Compte tenu que $\dfrac{\mathrm{d}\vec{u}}{\mathrm{d}t} = \dfrac{\mathrm{d}\vec{u}}{\mathrm{d}\theta}.\dfrac{\mathrm{d}\theta}{\mathrm{d}t} = \dfrac{\mathrm{d}\theta}{\mathrm{d}t}.\vec{v}$ et $\dfrac{\mathrm{d}\vec{v}}{\mathrm{d}t} = \dfrac{\mathrm{d}\vec{v}}{\mathrm{d}\theta}.\dfrac{\mathrm{d}\theta}{\mathrm{d}t} = -\dfrac{\mathrm{d}\theta}{\mathrm{d}t}.\vec{u}$, on a :

$$\frac{\mathrm{d}^2\overrightarrow{OM}}{\mathrm{d}t^2} = \left[\frac{\mathrm{d}^2 r}{\mathrm{d}t^2} - r\left(\frac{\mathrm{d}\theta}{\mathrm{d}t}\right)^2\right]\vec{u} + \left[r\frac{\mathrm{d}^2\theta}{\mathrm{d}t^2} + 2\frac{\mathrm{d}r}{\mathrm{d}t}.\frac{\mathrm{d}\theta}{\mathrm{d}t}\right].\vec{v}$$

c) Si le vecteur $\dfrac{\mathrm{d}^2\overrightarrow{OM}}{\mathrm{d}t^2}$ est toujours dirigé vers O, sa composante sur $\vec{v}$ est nulle :

on a donc : $$r\frac{\mathrm{d}^2\theta}{\mathrm{d}t^2} + 2\frac{\mathrm{d}r}{\mathrm{d}t}.\frac{\mathrm{d}\theta}{\mathrm{d}t} = 0 \qquad (1)$$

Posons $z = r^2\dfrac{\mathrm{d}\theta}{\mathrm{d}t}$ et dérivons z par rapport à t :

$$\frac{\mathrm{d}z}{\mathrm{d}t} = r^2\frac{\mathrm{d}^2\theta}{\mathrm{d}t^2} + 2r\frac{\mathrm{d}r}{\mathrm{d}t}.\frac{\mathrm{d}\theta}{\mathrm{d}t} = r\left(r^2\frac{\mathrm{d}^2\theta}{\mathrm{d}t} + 2\frac{\mathrm{d}r}{\mathrm{d}t}.\frac{\mathrm{d}\theta}{\mathrm{d}t}\right) = 0 \qquad (r \neq 0)$$

On en déduit que z est une constante, puisque sa dérivée est nulle :

$$r^2\frac{\mathrm{d}\theta}{\mathrm{d}t} = C$$

B3 – a) En coordonnées polaires, une intégrale de surface s'exprime par :

$S = \iint_{\mathfrak{D}} \mathrm{d}x\,\mathrm{d}y = \int_{\theta} \frac{1}{2} r^2\,\mathrm{d}\theta$, d'où :

$$M = \rho_0 e_0 \int_0^{2\pi} \frac{1}{2} a^2 (2 + \cos\theta)\,\mathrm{d}\theta = \frac{1}{2}\rho_0 e_0 a^2 [2\theta + \sin\theta]_0^{2\pi} = 2\pi\rho_0 e_0 a^2$$

b) En coordonnées polaires, un moment d'inertie par rapport à 0 s'exprime par :

$$I_0 = \rho_0 e_0 \iint_{(\mathcal{D})} (x^2 + y^2)\,\mathrm{d}x\,\mathrm{d}y = \rho_0 e_0 \int_{(\theta)} \frac{1}{4} r^4\,\mathrm{d}\theta,$$ d'où :

$$I_0 = \rho_0 e_0 \int_0^{2\pi} \frac{1}{4} a^4 (2 + \cos\theta)^2\,\mathrm{d}\theta = \frac{\rho_0 e_0 a^4}{4} \int_0^{2\pi} (4 + 4\cos\theta + \cos^2\theta)\,\mathrm{d}\theta$$

$$I = \frac{\rho_0 e_0 a^4}{4} \left[4\theta + 4\sin\theta + \frac{\theta}{2} + \frac{\sin 2\theta}{4}\right]_0^{2\pi} = \frac{9\pi}{4} \rho_0 e_0 a^4$$

B5 – a) Les composants du vecteur-vitesse $\vec{V}$ sont $\frac{\mathrm{d}\Gamma}{\mathrm{d}t}$ sur l'axe $\vec{u}$ porté par le rayon vecteur et $r\frac{\mathrm{d}\theta}{\mathrm{d}t}$ sur l'axe $\vec{v}$ directement perpendiculaire.

Au «périhélie», et à l'«aphélie», la vitesse est perpendiculaire au rayon-vecteur, ces 2 points sont donc caractérisés par $\|\vec{V}\| = r\frac{\mathrm{d}\theta}{\mathrm{dt}}$.

La loi des aires, écrite $r.r\frac{\mathrm{d}\theta}{\mathrm{d}t} = C$ exprime que C est alors le produit du rayon vecteur par la vitesse :

$$C = r_p \cdot \left(r\frac{\mathrm{d}\theta}{\mathrm{d}t}\right)_p = SP \,.\, \|\vec{V_P}\| = 8{,}61 \times 10^{10} \times 5{,}522 \times 10^4$$

soit $C = 4{,}7544 \times 10^{15}\ m^2/S$.

b) La même loi des aires, appliquée à l'aphélie donne :

$$SA = \frac{C}{\|\vec{V_A}\|} = \frac{4{,}7544 \times 10^{15}}{9 \times 10^2} = 5{,}2826 \times 10^{12}\,\mathrm{m}$$

c) L'excentricité peut être calculée comme le rapport en la distance focale $2\,c$ de l'ellipse et son grand axe $2\,a$:

$$2\,a = SP + SA = (8{,}61 + 528{,}26) \times 10^{10} = 5{,}3687 \times 10^{12}$$
$$c = a - SP = (268{,}43 - 8{,}61) \times 10^{10} = 2{,}5982 \times 10^{12}$$
d'ou $e = 0{,}968$

L'excentricité étant très voisine de 1, la comète décrit une trajectoire très voisine de celle d'une parabole reportant définitivement à l'infini...

d) La période de révolution T est définie par la loi $\frac{T^2}{a^3} = \frac{4\pi^2}{G.M_s}$.

avec $\begin{cases} G = \text{Constante universelle} = 6{,}67 \times 10^{-11} \text{ m}^3/\text{kg} \cdot s^2 \\ M_s = \text{Masse du Soleil} = 2 \times 10^{30} \text{ kg} \end{cases}$

Le calcul donne $T = 2{,}392\ldots \times 10^9$ s soit 75 ans 10 mois environ. La comète reviendra donc à son «périhélie» en mars 2061…

Solutions

10. Coniques

A1 – a) L'équation ne comporte pas de terme «rectangle» (du 2e degré en xy), les axes de (H) seront donc parallèles aux axes $\overrightarrow{Ox}$ et $\overrightarrow{Oy}$.

Par regroupement des termes en x et en y, on peut écrire l'équation :

$$4\,[(x+2)^2-4]-9\,[(y-1)^2-1]-29=0$$

soit $4\,(x+2)^2-9\,(y-1)^2-36=0$ (1)

Effectuons alors le changement de coordonnées définie par :

$$\begin{cases} X = x+2 \\ Y = y-1 \end{cases}$$

ce qui revient à effectuer une translation des axes parallèlement à eux-mêmes, de vecteur $\overrightarrow{O\omega} = -2\vec{i} + \vec{j}$, pour les ramener au centre ω (– 2, 1). Dans cette base principale $(\omega, \vec{I}, \vec{J})$, l'équation réduite s'écrit :

$$\frac{X^2}{(3)^2} - \frac{Y^2}{(2)^2} = 1$$

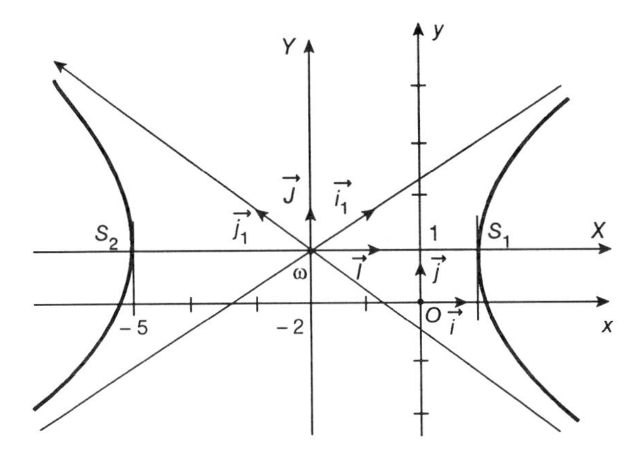

On voit qu'il s'agit d'une hyperbole dont les éléments sont $a = 3$ et $b = 2$.

Les sommets ont pour coordonnées :

dans $(\omega, \vec{I}, \vec{J})$: $\begin{cases} S_1\,(X=3,\ Y=0) \\ S_2\,(X=-3,\ Y=0) \end{cases}$

dans $(\omega, \vec{i}, \vec{j})$: $\begin{cases} S_1\,(x=1,\ y=1) \\ S_2\,(x=-5,\ y=1) \end{cases}$

Les équations des asymptotes sont :

dans $(\omega, \vec{I}, \vec{J})$ $\left\{ Y = \pm \frac{2}{3} X \right.$

dans $(O, \vec{i}, \vec{j})$ $\begin{cases} 3y - 2x - 7 = 0 \\ 3y + 2x + 1 = 0 \end{cases}$

b) Déterminons les formules de changement de coordonnés entre (x, y) dans le repère $(O, \vec{i}, \vec{j})$ et (x_1, y_1) dans le repère $(\omega, \vec{i_1}, \vec{j_1})$:

$$\overrightarrow{OM} = \overrightarrow{O\omega} + \overrightarrow{\omega M} \text{ avec } \begin{cases} \overrightarrow{O\omega} = -2\vec{i} + \vec{j} \\ \overrightarrow{\omega M} = x_1 \vec{i_1} + y_1 \vec{j_1} = x_1 \left(3\vec{i} + 2\vec{j}\right) + y_1 \left(-3\vec{i} + 2\vec{j}\right) \end{cases}$$

On obtient $\begin{cases} x = -2 + 3\,(x_1 - y_1) \\ y = 1 + 2\,(x_1 + y_1) \end{cases}$

L'équation (1) devient :

$4 \times 9\,(x_1 - y_1)^2 - 9 \times 4\,(x_1 + y_1)^2 = 36$

soit : $x_1 y_1 = \frac{1}{4}$

Le repère $(\omega, \vec{i_1}, \vec{j_1})$ est constitué par le centre ω de (H) et des vecteurs ayant la direction des asymptotes (non orthogonaux). Dans un tel repère, l'équation algébrique d'une hyperbole prend toujours la forme simple :

$$x_1 y_1 = K$$

A5 – a) On peut définir (E) en coordonnées paramétriques par :

$M \begin{cases} x = a \cos \varphi \\ y = b \sin \varphi \end{cases} \quad \varphi \in [0, 2\pi]$

Les équations de (T_1) et (T_2) sont respectivement $x = -a$ et $x = +a$. Le vecteur tangent en un point M de (E) a pour composantes :

$$\begin{cases} x' = -a \sin \varphi \\ y' = b \cos \varphi \end{cases}$$

L'équation de la tangente (T) est donc : $\dfrac{y - b\sin\varphi}{b\cos\varphi} = \dfrac{x - a\cos\varphi}{-a\sin\varphi}$

Les ordonnées des points P_1 et P_2 s'obtiennent en faisant $x = -a$ et $x = +a$ dans cette équation, on obtient ainsi :

$$\overline{A_1P_1} = \frac{b\,(1+\cos\varphi)}{\sin\varphi} \qquad \overline{A_2P_2} = \frac{b\,(1-\cos\varphi)}{\sin\varphi}$$

d'où $\overline{A_1P_1}\,.\overline{A_2P_2} = \dfrac{b^2(1-\cos^2\varphi)}{\sin^2\varphi} = b^2 = \overline{OB}^2$

b) Les coordonnées des foyers sont respectivement $F_1\ (-c, 0)$ et $F_2\ (c, 0)$ avec $c = \sqrt{a^2 - b^2}$.

Calculons le produit scalaire $\overrightarrow{F_2P_1}\,.\overrightarrow{F_2P_2}$:

$$-(a+c)(a-c) + \frac{b^2(1+\cos\varphi)}{\sin\varphi}\,.\frac{(1-\cos\varphi)}{\sin\varphi} = -a^2 + c^2 + b^2 = 0$$

Les 2 vecteurs $\overrightarrow{F_2P_1}$ et $\overrightarrow{F_2P_2}$ sont donc perpendiculaires.

A6 – L'équation comporte le terme «rectangle» $2\,xy$, il y a donc lieu de réduire la forme quadratique $Q = 2\,x^2 + 2\,xy + y^2$

1re méthode : on écrit Q en notation matricielle : $Q = (x\ y)\begin{pmatrix} 2 & 1 \\ 1 & 1 \end{pmatrix}\begin{pmatrix} x \\ y \end{pmatrix}$

Valeurs «propres» de la matrice $A = \begin{pmatrix} 2 & 1 \\ 1 & 1 \end{pmatrix}$

$$\begin{vmatrix} 2-\lambda & 1 \\ 1 & 1-\lambda \end{vmatrix} = 0 \quad \Rightarrow \quad \lambda^2 - 3\,\lambda + 1 = 0 \quad \Rightarrow \begin{cases} \lambda_1 = \dfrac{3-\sqrt{5}}{2} \\ \lambda_2 = \dfrac{3+\sqrt{5}}{2} \end{cases}$$

La forme réduite est donc $Q=\frac{3-\sqrt{5}}{2}X^2+\frac{3+\sqrt{5}}{2}Y^2$, dans la base des axes principaux, définie par les vecteurs propres $\overrightarrow{V_1}$ et $\overrightarrow{V_2}$:

Vecteur propre $\overrightarrow{V_1}$:

$$\begin{pmatrix} \frac{1+\sqrt{5}}{2} & 1 \\ 1 & -\frac{1-\sqrt{5}}{2} \end{pmatrix}\begin{pmatrix} x \\ y \end{pmatrix}=0 \Rightarrow \begin{cases} x=\frac{\sqrt{5}-1}{2}\alpha \\ y=-\alpha \end{cases} \quad \overrightarrow{V_1}=\alpha\left(\frac{\sqrt{5}-1}{2}\vec{i}-\vec{j}\right)$$

Vecteur propre $\overrightarrow{V_2}$:

$$\begin{pmatrix} \frac{1-\sqrt{5}}{2} & 1 \\ 1 & -\frac{1+\sqrt{5}}{2} \end{pmatrix}\begin{pmatrix} x \\ y \end{pmatrix}=0 \Rightarrow \begin{cases} x=\frac{1+\sqrt{5}}{2}\beta \\ y=\beta \end{cases} \quad \overrightarrow{V_2}=\beta\left(\frac{1+\sqrt{5}}{2}\vec{i}-\vec{j}\right)$$

On peut déterminer α et β pour définir une base orthonormée dans la direction des axes principaux :

$$\alpha=\sqrt{\frac{2}{5-\sqrt{5}}} \qquad \beta=\sqrt{\frac{2}{5+\sqrt{5}}}$$

d'où

$$\begin{cases} \vec{I}=\frac{\overrightarrow{V_1}}{\|\overrightarrow{V_1}\|}=\sqrt{\frac{5-\sqrt{5}}{10}}\,\vec{i}-\sqrt{\frac{5+\sqrt{5}}{10}}\,.\vec{j} \\ \vec{J}=\frac{\overrightarrow{V_2}}{\|\overrightarrow{V_2}\|}=\sqrt{\frac{5+\sqrt{5}}{10}}\,\vec{i}+\sqrt{\frac{5-\sqrt{5}}{10}}\,.\vec{j} \end{cases}$$

Dans cette base, l'équation réduite de la conique est :

$$\frac{3-\sqrt{5}}{4}X^2+\frac{3+\sqrt{5}}{4}Y^2=1$$

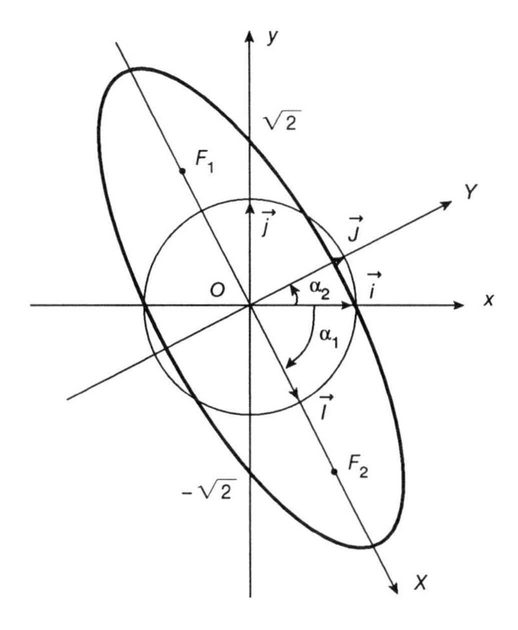

On voit qu'il s'agit d'une ellipse de :

1/2 grand axe $\quad a = \dfrac{2}{\sqrt{3-\sqrt{5}}} = 2{,}29$

1/2 petit axe $\quad b = \dfrac{2}{\sqrt{3+\sqrt{5}}} = 0{,}87$

1/2 distance focale $c = \sqrt{a^2 - b^2} = 2{,}11$

excentricité $\quad e = \dfrac{c}{a} = 0{,}92$

La direction de l'axe principal $\overrightarrow{OX}$ est définie par :

$\tan\alpha_1 = \dfrac{2}{1-\sqrt{5}}$ soit $\alpha_1 = -58{,}3°$

2e *méthode* : on cherche à annuler le terme rectangle par un changement de coordonnées correspondant à une rotation des axes d'angle α :

$$\begin{cases} x = X\cos\alpha - Y\sin\alpha \\ y = X\sin\alpha + Y\cos\alpha \end{cases}$$

Portant ces valeurs dans l'équation de (C), le coefficient du terme en XY est :

$$-4\sin\alpha\cos\alpha + 2(\cos^2\alpha - \sin^2\alpha) + 2\sin\alpha\cos\alpha = 2\cos 2\alpha - \sin 2\alpha$$

Les valeurs de α pour lesquelles ce terme sera nul sont définies par :

$$\tan 2\alpha = 2 \quad \text{soit} \quad \alpha = \frac{1}{2}\arctan 2 \mp \frac{\pi}{2}$$

On retrouve les valeurs qui correspondent aux axes principaux $\overrightarrow{OX}$ et $\overrightarrow{OY}$.

$$\alpha_1 = (\overrightarrow{Ox}, \overrightarrow{OX}) = -58{,}3° \qquad \text{et} \qquad \alpha_2 = (\overrightarrow{Ox}, \overrightarrow{OY}) = +31{,}7°$$

A7 – Dans le repère $(O, \vec{i}, \vec{j})$, l'ellipse est définie en coordonnées paramétriques de φ par :

$$M \begin{cases} x = a\cos\varphi \\ y = b\sin\varphi \end{cases}$$

Le foyer a pour coordonnées $F(c, 0)$, et la directrice associée à F a pour équation $x = c + \frac{b^2}{c} = \frac{a^2}{c}$.

L'équation de la tangente à l'ellipse en M est :

$$(T) \quad \frac{y - b\sin\varphi}{b\cos\varphi} = \frac{x - a\cos\varphi}{-a\sin\varphi}$$

L'ordonnée du point K est définie en faisant $x = \frac{a^2}{c}$ dans l'équation de (T) :

$$y_K = b\left[\sin\varphi - \frac{\cos\varphi}{\sin\varphi}\cdot\frac{a - c\cos\varphi}{c}\right]$$

Calculons le produit scalaire $\overrightarrow{FM}\cdot\overrightarrow{FK}$, on obtient :

$$\overrightarrow{FM}\cdot\overrightarrow{FK} = \frac{b^2}{c}(a\cos\varphi - c) + b^2\left[\sin^2\varphi - \frac{\cos\varphi}{c}(a - c\cos\varphi)\right]$$

$$\overrightarrow{FM}\cdot\overrightarrow{FK} = \frac{b^2}{c}(a\cos\varphi - c) + b^2\left[\frac{c - a\cos\varphi}{c}\right] = 0$$

Les 2 vecteurs $\overrightarrow{FM}$ et $\overrightarrow{FK}$ sont donc perpendiculaires.

B4 – a) On peut calculer les composantes du vecteur vitesse dans le plan de référence ($\overrightarrow{Fx}$, $\overrightarrow{Fy}$) par :

$$\begin{cases} \dfrac{dx}{dt} = \dfrac{dx}{du} \times \dfrac{du}{dt} \\ \dfrac{dy}{dt} = \dfrac{dy}{du} \times \dfrac{du}{dt} \end{cases}$$

connaissant, d'après la loi horaire :

$$\frac{dt}{du} = \frac{T}{2\pi}(1 - e\cos u)$$

On obtient ainsi, en fonction de l'« anomalie excentrique » u :

$$\frac{dx}{dt} = \frac{2\pi a}{T} \cdot \frac{\sin u}{1 - e\cos u} \quad \text{et} \quad \frac{dy}{dt} = \frac{2\pi a}{T} \cdot \frac{\sqrt{1-e^2}\cos u}{1 - e\cos u}$$

b) La norme de la vitesse vaut $\|\vec{V}\| = \dfrac{2\pi a}{T}\sqrt{\dfrac{1 + e\cos u}{1 - e\cos u}}$

à l'apogée, $u = \pi$, d'où $\|\overrightarrow{V_A}\| = \dfrac{2\pi a}{T}\sqrt{\dfrac{1-e}{1+e}}$

au périgée, $u = 0$, d'où $\|\overrightarrow{V_P}\| = \dfrac{2\pi a}{T}\sqrt{\dfrac{1+e}{1-e}}$

on en déduit que $\dfrac{\|\overrightarrow{V_A}\|}{\|\overrightarrow{V_P}\|} = \dfrac{1-e}{1+e}$

B5 – a) Le triangle OAM étant isocèle, l'angle ($\overrightarrow{Ox}$, $\overrightarrow{MN}$) vaut $\pi - \varphi$. Projetons sur les axes la relation vectorielle :

$$\overrightarrow{ON} = \overrightarrow{OA} + \overrightarrow{AN}$$

on obtient $\begin{cases} x_N = R\cos\varphi + (L - R)\cos(\pi - \varphi) \\ y_N = R\sin\varphi + (L - R)\sin(\pi - \varphi) \end{cases}$ soit $\begin{cases} x_N = (2R - L)\cos\varphi \\ y_N = L\sin\varphi \end{cases}$

b) En éliminant φ entre les coordonnées de N, on obtient :

$$\cos^2\varphi + \sin^2\varphi = 1 \quad \Rightarrow \quad \frac{x_N^2}{(2R-L)^2} + \frac{y_N^2}{L^2} = 1$$

Le lieu de N est donc l'ellipse de centre O, de 1/2 axes $2R - L$ sur $\overrightarrow{Ox}$ et L sur $\overrightarrow{Oy}$.

Imprimé en France. - JOUVE, 18, rue Saint-Denis, 75001 PARIS
N° 217396V. - Dépôt légal : Avril 1994

Dans la même collection :

Mathématiques appliquées : algèbre et Géométrie, Saint-Jean B.
Mathématiques : analyse, Margirier J.-P.
Mathématiques : algèbre, Margirier J.-P.

à paraître

Optique et ondes, Henry M.
Électronique analogique, Poitevin J.-M.

Dans la collection « QCM Dunod » :

Mathématiques

Mathématiques, Guénard F. et Hug P.
Mathématiques HEC : algèbre et probabilités, Guénard F. et Hug P.
Mathématiques HEC : analyse et algorithmique, Guénard F. et Hug P.

Biologie

Biologie animale, Morère J-L. et Touzet N.
Biologie cellulaire, Callen J.-C., Charret R. et Clérot J.-C.
Biologie végétale, Campion F. et G.
Biochimie, Le Maréchal P. et Binet A.

Physique

Physique générale, Kestemont E. et Orban J.
Physique, Henry M.

Chimie

Chimie générale, Dauchot J., Slosse P. et Wilmet B.

Culture générale

Culture générale, Fouquet D. et Stalloni Y.
L'histoire de 1880 à 1945, Cazier J.
L'histoire de 1945 à nos jours, Cazier J.
Littérature, Lindon M.